U0625108

尊重

用敬畏之心面对世界

Without respect,love cannot
go far.

苏意茹 著

希望种子企划室 策划

长江出版传媒 | 长江少年儿童出版社

图书在版编目（CIP）数据

心灵种子系列．尊重／苏意茹著．—武汉：长江少年
儿童出版社，2014.6
ISBN 978 – 7 – 5560 – 0758 – 5

Ⅰ．①心… Ⅱ．①苏… Ⅲ．①青少年教育 – 品德教育
Ⅳ．①D432.62

中国版本图书馆 CIP 数据核字（2014）第 115331 号

《心灵种子系列．尊重》 苏意茹 著
中文简体字版© 2014 年由长江少年儿童出版社有限公司发行
本书经城邦文化事业股份有限公司商周出版事业部授权，同意经由长江少年儿童出版社有限公司，出版中文简体字版本。非经书面同意，不得以任何形式任意重制、转载。
著作权合同登记号：图字：17 – 2014 – 110

心灵种子系列

尊重

原　　著	苏意茹
项目策划	蔡贤斌
责任编辑	凌　晨
美术设计	贾　嘉
出 品 人	李　兵
出版发行	长江少年儿童出版社
电子邮件	hbcp@ vip. sina. com
经　　销	新华书店湖北发行所
承 印 厂	永清县晔胜亚胶印有限公司
规　　格	880 ×1230
开本印张	32 开　7.5 印张
版　　次	2014 年 10 月第 1 版　2017 年 2 月第 2 次印刷
印　　数	1 –10000
书　　号	ISBN 978 – 7 –5560 –0758 –5
定　　价	23.00 元
业务电话	（027）87679179　87679199
网　　址	http://www. hbcp. com. cn

［出版缘起］

十根火柴，一线光亮

何飞鹏

20年来，我接触过无数的年轻人，也与无数的年轻人一同工作过，他们有梦、有想法；他们天真、淳朴，也浪漫；他们期待富有，希望成为焦点，也渴望成功。

我有两个年轻的女儿，20岁与14岁，她们对未来充满幻想，急着表达自己的意见，也有着许多在大人看起来不切实际的执着（也许是我们现实而世故）。

不论是我的工作伙伴还是我的女儿，在我眼中，他们都有相似之处，浪漫、天真，对未来充满幻想是他们的共同之处。而我与他们也常有争论（或许觉得我在教训他们），我常想把我30年来的经验，让他们知道，但经常找不到共同的沟通频道。

直到有一次，我接受电台访问，深刻地谈到一些我对工作的看法与曾经经历的惨痛故事，我只是述说我自己，我只谈我相信的事。其后，我大女儿极其幽怨地告诉我："爸爸，我躲在床上听完您的访谈，为什么我是你女儿，我仍要在广播中才能听到这些话？"

我无言以对，我不能告诉她，我曾尝试过，但我们无法心平气和地沟通。从那时起，我觉得易子而教或许是对的。也是从那时起，我下定决心要出一套书，尝试让年轻人看得下去，有所收获。

我们组成了一个工作小组，找寻十个永恒不变的工作原则，并尝试把这些略为八股的想法，转换成符合现代的词语，并且用现代的故事、人生体验作为注解，希望这十本书能成为十个工作锦囊，在他们挫折时、彷徨时、犹豫时，或在困难中、在孤独无靠中，能有所帮助。

我们不敢讲这些书会帮助大家立即开启成功之门，我们只希望每一本书像擦燃一根火柴，伴你在黑暗中渡过困难，启发灵感，重燃希望！

尊重是一面镜子

这是一个每个人都高声喊着"尊重我"，但是却把拳头指向别人的时代吗？

有一天，我帮哥哥去英语家教班带小朋友回家。

按照哥哥告诉我的，我按二楼的电铃，然后说出小朋友的名字。我想，接着小孩子会乖乖地下楼，并且让我带回家。

可是，对方非常不高兴地跟我说："没这个人。"

我说他是在这里上课的小朋友，对方更不耐烦地说："回去了。"

没有接到小孩，还得到莫名其妙的答案，我开始担心小孩会不会被别人带走或是走失了。我当然要问清楚。方法就是，再问一遍。

虽然铁门终于不耐烦地打开了，但我却被这个英语老师的家人围着骂，还有一个人作势要打我。

我本来也很错愕，不过后来我搞清楚了，原因是这个英语老师的家人觉得我口气不好，不尊重他们，吵得他们不得安宁。

可是，他们根本不在意有一个小孩从他们家出门之后就不见了的这件事。

小孩子是真的不见了，老师根本没在意下了课的学生的去向。我没有哥哥的电话和小孩目前的行踪，能想到唯一的办法就是拜托老师找一下安亲班或是小孩子同学家的电话问问看。

我自觉应该是很客气的，因为我只是要确定小孩子在什么地方。有可能是我在紧张的时候说话语气显得比较重，但是，我想我并没有说出除了想要问的问题之外多余的话。但是，还是惹来了对方不礼貌的对待。

我忍耐着找到了小孩，安全地带他回家。不过，我永远忘不了那一个受委屈的傍晚。回到家我就躲起来哭了，至今想来都还觉得非常害怕。

本来不想要写这一段的，虽然的确是因为这件事情，让我觉得"尊重"非常重要，而想写这本书。

事实上，我常常因为对方的不尊重而感到害怕，不断地反省自己，这是不是我的错，不然怎么别人没遇到的事情，却被我遇到了。只是，不断地责备自己之余，最终我还是要鼓起勇气说，对方有些不尊重我的事情的确不是我的错，是对方需要反省。

　　而且，我要对方反省，并不是希望他们进行自我鞭挞，而是希望他们能让自己变得更温柔体贴，在对自己、对别人、对工作、对人生的种种心态上更加平和。

　　我相信尊重真的非常困难，但是却不能因为困难而放弃，让我们一起努力吧！

[作者简介]

苏意茹

1972 年生，天蝎座 O 型血，个性真诚直率，容易受感动，在理性的人群当中被认为偏向感性，在感性的群众中却又偏向理性，喜欢尝试人生中各种不同的味道，具有无法被规格化的生物本性。曾就读于台湾大学护理系、台湾大学艺术史研究所，经历童书写作、杂志采访编辑、公关顾问等工作，目前专事写作。曾获台湾文学奖（报告文学类）。

著有《不做好人最快乐》《做自己最潇洒》《寻找生命中的第二个生日》《回家》《我，一个人住》《乐观》《冒险》等书。

CONTENTS
目录

CHAPTER 3

人生最值得珍藏的价值

CHAPTER 6
为自己睁开看世界的另一双眼睛

CHAPTER 7
尊重的经典名句（中英文对照）

CHAPTER 1
关于尊重的不朽故事

孔子：尊重每个人是独一无二的

生活在春秋时代的孔子，不管在当时还是现代看来，都是极为长寿的人。而且不只是他的肉体长寿，他的精神也一直到现在都还生机勃勃。为什么呢？

首先，孔子是一个非常懂得尊重自己的人。

简单地说，在生活方面，起居饮食他都有一定的规律性，绝对善待自己的身体。就算生活再窘困，他也坚持五不食：食物的颜色不对不吃，煮坏了不吃，气味不正不吃，肉切不正不吃，鱼肉腐烂不吃。而且吃饭的时候一定不说话。所以他可以维持身体的健康。

在个人的修养上，孔子的神态一如他的心情，既不忧虑也不恐惧。

不过，孔子这种"既不忧虑也不恐惧"的心态，到底是如何养成的呢？

有一天，孔子和他的学生们周游列国，来到了宋国。

可是，一到宋国，不但没有受到礼遇，大将军桓魋还派人把孔子休息的大树砍倒。这不是要出人命的事情吗？

孔子虽然一点也不以为意，可是在一旁他的学生们，尤其是司马牛，心情非常低落。

原来，这位大将军正是他的亲哥哥。他为自己的哥哥做出这样鲁莽的事情感到非常生气，再则是他觉得所有同学的眼神好像都在责备他，令他觉得非常羞愧。

司马牛内心的矛盾，孔子都看在眼里。

当司马牛问孔子"什么是君子"时，孔子说："君子就是不忧不惧。"

"不要把别人对你的观感放在心上，你就是你，跟你哥哥的作为没有关系。你只要自问是不是行事光明正大就够了。一个人不需要像乞丐，乞求别人施舍给你好印象。"

司马牛听到孔子这么说，不禁松了一口气，露出不忧不惧的微笑。

子路在一旁，听老师这样说，也问同样的问题：

"什么是君子？"

为什么同样的问题，孔子都已经回答过，学生们还会不停地问呢？

因为孔子尊重每个学生的个性差异，根据各人不同的状况，会给使当事人最受用的答案，子路也很想知道，如果是自己的话，怎么样才能成为一个君子。

孔子微笑着说："君子就是要待人和颜悦色，亲切和蔼。"

子路一想才发觉，原来他常常对不喜欢的人或事，总是摆出不好看的脸色，还会大发脾气，的确不太像是个君子应该有的样子。

尊重自己也尊重学生的孔子，当然也是一个非常遵守传统礼节的人，而且，他连一点细节也不会大意地忽略。

有一年，鲁国周公庙举行祭祀大典，凑巧祭师临时生病不能来，只好找孔子代替。

以孔子来代替，许多人都觉得不适当，因为以祭师来说，孔子未免太年轻了点。孔子并不把这些话放在心上，反而更加详细地请教所有祭祀的细节。

孔子的学生在一旁觉得非常不解，因为孔子早就对祭祀的过程非常熟悉，为什么还要从头到尾这么详细地问一遍呢？孔子说，为了要完美地进行祭祀的活动，这样仔细地询问其实正是一种尊重的行为与态度。因为孔子有这么多值得学习的待人处世哲学，所以直到今天，记载他曾说过的话的《论语》，仍旧是中国人最爱读的一本书。

尊重者的永恒信念

　　不要把别人对你的观感放在心上，你就是你，你只要自问是不是行事光明正大就够了。一个人不需要像乞丐，乞求别人施舍给你好印象。

尊重人"生而平等"的林肯

> 以解放黑奴闻名的美国总统林肯，不仅因为他尊重黑人的人权而受到景仰，事实上，他本身就是一个非常尊重周围人的人，除了尊重人生基本德行之外，更是一位身体力行的人。

以解放黑奴闻名的美国总统林肯，不仅因为他尊重黑人的人权而受到景仰，事实上，他本身就是一个非常尊重周围人的人，除了尊重人生基本德行之外，更是一位身体力行的人。

林肯出生在一个贫困的家庭，8 岁时母亲就过世了。第二年父亲就跟莎拉女士结婚了。

林肯和他的姐姐如一般的孩子，对这件事情不免内心感到不安。

不过，他们的后母莎拉是个极有爱心的女人。当她一到林肯的家，所做的第一件事情，就是热情地为这两个可怜的孩子洗了一次热水澡，并且把床上用玉米梗做的垫子抽掉，换成舒服的鸭绒垫子和鸭绒枕头。所有的事情都让林肯一辈子牢记在心里。

林肯因为贫困，所以只读了一年书就休学了，后来他刻苦自学，都是因为后母处处关怀鼓励，才使他完成学业。莎拉提到林肯这个孩子时，总是赞叹不已地说："他不曾对我说过一句令我难堪的话。"

后来，林肯参加总统竞选时，莎拉还高兴地跑到城里来探望他。

那时林肯正骑在马背上演讲，为了不影响他，莎拉只是静静地站在人群当中，看着自己的儿子。忽然，林肯看见了继母，迅速地从马背上跳下来，跑过去与她拥抱。

1861年冬天，林肯将要赴任总统，临行前，他顶着鹅毛大雪，前去跟继母告别。他激动地说："我的一切都将归功于我天使般的母亲。"

林肯不只对后母如此尊重，对于其他与他接触的人，即使只是短暂的主雇关系，他都竭尽所能地以诚相待。

年轻时，有一次林肯替古洛佛先生的农场工作，看到主人有一本《华盛顿传》，他非常喜欢，经过主人的同意，就高兴地借回家阅读。没想到，却在一次暴风雨中不小心把这本书弄湿了，不过在小心擦拭之后，损毁状况总算不太明显。但是，他却犹豫不知该怎么跟古洛佛先生交代。

这时，后母跟他说："想想如果是你所崇拜的诚实的华盛顿，对这件事情他会怎么做呢？"

于是，林肯鼓起勇气跟古洛佛先生承认自己的缺失，并且替他工作以作为赔偿。古洛佛先生接受了这个赔偿的条件，后来，他把这本书送给了林肯。

又有一次，林肯开杂货店时，不小心把史密斯太太的钱找错了。他为此提早打烊，并且走了三小时的路程，把算错的零钱还给史密斯太太。

林肯的邻居和史密斯太太都觉得这不过是一件小事情，叫他自己把钱留着就好了。可是林肯依然尊重诚实的美德，坚持把当天的账算清楚。

1860 年，林肯为了解放黑奴而参加总统选举时，遇到的对手偏偏是大富翁道格拉斯，这个人有钱又骄傲，十分看不起林肯。他租了漂亮的竞选列车，车上装上一门大炮，每到一站就鸣炮 32 响，随车有一个颇具规模的乐队跟着奏乐，可谓美国总统竞选史上空前的壮举。他企图以声势来压倒林肯，还得意扬扬地说："我就是要让林肯这个乡巴佬闻闻我的贵族气味。"

林肯的竞选活动也的确朴实，只有他一个人，站在人群当中，每到一站演说，都是自己买票坐车，下站时坐朋友为他准备的马车。于是，他在群众集会上发表的演说中讲："除了我一个人之外，还租了一间办公室，室内有 1 张桌子，3 把椅子，墙角还有一个大书架，上面的书值得每个人一读。我这个人又穷又瘦，脸很长，也吃不胖。我实在没有什么可依靠的，唯一可依靠的就是你们了。"

他的演讲赢得暴风雨般热烈的掌声和欢呼声，民众为他谦虚而踏实的态度所感动，愿意支持他解放黑奴的梦想，让他高票当选总统。

不过，林肯这种朴实的演讲，还是经常让滔滔不绝的演说家瞧不起。

盖提斯堡战役之后，盛大的葬礼为悼念战役中为国捐躯的烈士而举行。主办单位早已邀请著名的演说家艾佛瑞特前来演讲，所以只给林肯发了一封普通的请柬，认为他应该不会来，没想到林肯竟然答应一定按时去参加。

于是他们只好跟他暗示，已经请了艾佛瑞特来演说，请他"随便讲几句适当的话"就行了。林肯虽然觉得不受尊重，不过还是平静地接受了。

林肯决定自己动手准备演讲稿。他的演讲稿一改再改，老觉得不满意。葬礼前一天晚上，他还在精心修改他的演说稿。半夜时分，他找到他的工作伙伴，将演说稿高声念给他听，征求他的意见。直到他骑着马进入会场的途中，他还在马背上低着头，默念着他的演说词。

庄严的丧礼开始了，全场异常肃静。艾佛瑞特得意扬扬地走上讲台，讲了两三个小时之久。当他演说快要结束的时候，林肯悄悄地掏出眼镜，再一次详细地复习了演讲稿。

林肯开始演讲时，一位摄影记者赶紧架起三脚架，准备猎取这个历史性的镜头。可是当他准备好的时候，林肯已经说完了，记者感到非常惋惜。因为林肯的演说一共只有3分钟，可是台下的掌声却持续了10分钟。

这个故事显现出林肯不管事情大小一律皆以尊重的态度面对，并且使他赢得了所有人对自己的尊重，更令他们改变了原本的态度。

而且林肯尊重的态度还表现在强烈的自我反省能

力上，这是非常不容易的修养功夫。

美国南北战争期间，林肯的北军遭受严重挫败，这使总统林肯碰到一点不愉快的事情，就很容易发脾气。

有一天，一位受伤的团长刚从前线回来，直接向总统请假，想回去探望他生命垂危的妻子。林肯一听到"请假"两个字，就火冒三丈地训斥说："你作为一个军人，难道不知道现在是什么时期吗？战争、苦难和死亡在压迫着我们，没有了国，家庭也不能存在！"

团长什么话也没说，只是站在那儿认真地听着。等林肯发完脾气，他行个礼，便失望地回旅馆去休息。

第二天清晨，天还没亮，团长在床上突然听到有人敲门，他赶紧披上衣服起来看，当他打开门时，不禁大吃一惊，怎么总统一大早出现在他的门口！

林肯一见到团长，便握住他的手，诚恳地说："亲爱的团长，昨天我对你的态度实在是太粗鲁了，真是对不起你。我们对那些献身国家，特别是有困难的人，应当体贴关心。我懊悔了一夜，无法入睡，现在请你原谅。"当下，林肯替这位团长向陆军部请假，并亲自用车送他到码头。

又有一回，林肯和儿子坐马车上街，到了街口一看，发现满街都是军队，马车根本无法通行。这时，林肯打开车门，问一位正在观看的路人说："这是什么？"他的意思是说，这是哪一个单位的军队。那个路人以为林肯连军队都不认识，随即说："联邦的军队呀，你真是个大笨蛋呢。"

林肯说了一声："谢谢。"随手关上门。他严肃地对儿子说："有人能在你面前说老实话，这是一种幸福。我的确是个大笨蛋。"

这样的好人最后居然因为解放黑奴的事件，遭到暴徒暗杀而死。不过，当他过世的时候，不管是支持他解放黑奴还是反对的人，都为他的死感到非常悲恸。为什么呢？一个反对解放黑奴的将军说："因为林肯真的是一个非常伟大的人。"

尊重者的永恒信念

　有人能在你面前说老实话，这是一种幸福。

尊重真理的苏格拉底

西方哲学的始祖苏格拉底，是一个最早将尊重贯彻在自己的生活及思考上的人。

西方哲学的始祖苏格拉底，是一个最早将尊重贯彻在自己的生活及思考上的人。

他与别人讨论时，绝对不轻易放过任何一个问题，或是夸耀自己已经了解，他总是不断地思考，直到完全理解为止。

一位在军中和苏格拉底一起服役的青年说起苏格拉底怎样地开始和真理的难题奋战。

某天早晨，苏格拉底站在那儿，在思绪中迷了路，答案还不出现，他仍站在那儿思考，拒绝放弃。时间流过，接近正午，部队开始互相传话，说是苏格拉底从破晓时便站在那儿思考。向晚时分，一些爱奥尼亚人晚餐后搬出他们的床褥，就是为了要看看苏格拉底是不是还要整晚待在那儿。结果他一直站到早上，然后在日出时，他对着太阳念祈祷文，之后走开。

另一位朋友描述，在参加朋友的晚宴途中，苏格拉底"陷入抽象思考中，开始落后"。然后，苏格拉底躲在附近房子的走廊下，继续思考。

"你晓得，这是他的老习惯；他走到哪儿、站在哪儿，不论在哪儿都这样。"

苏格拉底追求真理的态度，自然渐渐累积出智能，也为他带来了名声，许多年轻人仰慕他，纷纷前来拜他为师。但这种情形却让他居住兼做讲堂的小屋更加显得拥挤不堪。

有人劝他盖大房子，装修讲究一点，但是他不肯。他说："这小屋已经够我放朴素的家具了。我的主要财富是学识。我每天增长一点智能，装在我的心里，心灵是永远不会装不下的。那些来求教的年轻人，追逐时髦的多，真正能坚持到底的有限。所以对于他们，我的小屋已经绰绰有余了。"

不过，他的太太对于他总是忙着思考，与别人辩论，却完全不管家庭生计，感到非常不能谅解，总是对他大发雷霆。

但是，苏格拉底不但不以为意，还说："一个人拥有一个温柔的老婆是幸福的，可是，拥有一个脾气暴躁的老婆，却可以成为哲学家。"

苏格拉底不重视外在虚浮的名声，反而追求值得永远尊重的智能，这让他的名声更大了。不过，在当时，他的名声却为他带来了灾难，让他最后被以莫名其妙的罪名判处死刑。

为了维护法治，即使是无辜的，他也决定舍身就死。苏格拉底所尊重的，是对真理的全心奉献。他不会被其他较不重要的事所动摇。

苏格拉底在审判中告诉法官们："……要是你们以为一个还有点价值的人该把时间耗在度量生死上头，你们可就错了。这样一个人在从事任何行为时，只有一件事要考虑，这便是，他做对了还是错了。"

而且他认为法治是值得尊重的，即使它有时候也会很不合理，但是，不应该有人因为例外而反对它。他在过世前，还不忘跟在他旁边的学生说："对了，别忘了帮我还隔壁邻居一只鸡。"

苏格拉底终身尊重真理，并且身体力行对待周围所有平凡的人，所以他的哲学能够让后人受用，并且

推崇至今。如果每一个人都能开始以尊重的心情去看
待自己的梦想与心中思想，那么内心的成长与生活的
平和，亦指日可待。

尊重者的永恒信念

  一个人拥有一个温柔的老婆是幸福的，可是，拥
有一个脾气暴躁的老婆，却可以成为哲学家。

尊重企业基本责任的松下幸之助

松下幸之助，是日本电器公司的创办人。他经常在平凡的工作内容当中，发现待人处世和经营事业的根本道理，并落实在自己的公司里，以至于最后影响了日本企业及人民的风气。

日本松下电器公司的创办人松下幸之助，是个学历不高、白手起家的创业者。他经常在平凡的工作内容当中，发现待人处世和经营事业的根本道理，并落实在自己的公司里，以至于最后影响了日本企业及人民的风气。松下幸之助有一句名言："松下公司是培育人才的公司。"

有一次，松下幸之助在与一群人事部门的主管开会时，突然问在座的人员："如果有人问你松下是什么公司，你会怎么回答？"

有一个人事课长马上回答说："松下是制造电器

产品的公司。"松下幸之助听了之后没有响应，又问了在场几位主管，答复的内容都跟电器产品有关。

结果，松下幸之助听完回答后，脸色沉重，怒气冲冲地说："你们都是人事部门的主管，负责公司有关人事管理的事，难道你们会不知道，'培育人才'正是人事主管的首要责任吗？如果有人问你们松下是什么公司时，你们要是没有回答松下公司是培育人才的公司，并兼制造电器产品的话，岂不表示你们对人才培育漠不关心？"

他还说："我不知道告诉你们多少次了，人才是企业经营的基石，生产、销售、资金等固然重要，可是最重要的还是人才，因为缺少人才的话，生产销售与资金都发挥不了作用的。所以，如果连你们都不能努力去培育人才的话，松下电器还有什么前途可言呢？"

这个看起来很基本的道理，却常常因为企业老板偷懒，短视近利而根本不在乎呢。怪不得松下幸之助会被大家尊称为"经营之神"，不只是因为他是个会赚钱的老板，还因为他愿意在自己的企业里培养人才。

又有一次，松下公司的大客户丰田公司采购汽车音响时，要求降价两成。这对丰田公司来说是司空见惯的事情。因为大幅削减采购成本，正是丰田高获利的秘诀。可是这样一来，松下公司的获利率就只剩3%了。这样看来，丰田公司根本就是强人所难嘛！

松下公司的员工照一般的做法，内部经过一番检讨，最后结论是只能降价5%。

结果，事情报到松下幸之助那里，他下令从零开始，重新设计，彻底消除不必要的原料、材料、零组件等，经过半年的试制，不仅满足了丰田公司的要求，自己也有一成的利润。

所有的企业广告都很轻松地说："客户都是对的"、"以客为尊"等以用来吸引消费者，可是，一旦客户有什么要求时，却一概推卸责任。这就不得不让人觉得，松下幸之助真是一个有魄力的人呀。

就连总是提出苛刻条件的丰田公司，都不得不尊敬松下公司的服务精神。

没错，学历不高的松下幸之助说不出什么伟大的道理，因为这些道理大家都明白。

可是，大家知道却觉得太愚蠢不愿意做的事情，他愿意负责任地一一做到，就足以让他的成就不平凡了。

松下幸之助的一生传奇，至今仍被大家所流传赞赏，那是因为在他心中，懂得尊重人性与诚实相待，才能为自己创造一次又一次的契机。

尊重者的永恒信念

　　大家知道却觉得太愚蠢不愿意做的事情，你却愿意负责任地一一做到，就足以让自己的成就不平凡了。

尊重科学家精神的居里夫人

> 她从来没有因为是自己的研究成果而申请专利权，获取金钱，甚至在战争期间，她还放下手边的工作，义务组织放射线治疗车，到各地为伤兵服务。

在每天重复的工作琐事当中，人们常常觉得烦闷，不知道工作的目的何在，难道是为了更多的金钱吗？

那么，显然发现对人类医疗具有极大贡献的镭元素的居里夫人，在这方面得到的报偿太少。

她从来没有因为是自己的研究成果而申请专利权，获取金钱，甚至在战争期间，她还放下手边的工作，义务组织放射线治疗车，到各地为伤兵服务。她终身不曾拥有一克自己发现的镭元素，如果有，那也是属于研究室的财产。当然，居里夫人在一生中尝过许多金钱物质缺乏的痛苦，即使在她的研究工作陆续有重大发现之后，她仍放下个人金钱报偿的部分，而先想一个科学家对他的发现应有的态度。

那是什么？那就是无私地为全体人类服务。

她和她的丈夫，从一开始就毫无保留地发表他们所有采用的制镭方法。他们没有取得任何专利，没有保留工业开发上的任何利益。他们对任何细节都没有保密，也因此镭工业才得以迅速发展。

因为他们最先抱持的是对科学的敬意，接续前人研究科学的无私奉献精神。尊重的态度让他们无视金钱，不管在任何物质条件之下，都能够抱着怡然的心情努力工作。

那么既然努力工作不求物质的回馈，随之而来的却并非所求的名誉呢？有一天，居里夫人的朋友来到她家做客，发现居里夫人的小女儿，居然在玩英国皇家学会的奖章。

朋友大吃一惊，连忙问居里夫人："能够得到这枚奖章，是极高的荣誉，你怎么就这样给小孩子拿去玩了呢？"

居里夫人淡淡地微笑说："我想让孩子从小就知道，荣誉就像玩具，只能玩玩而已，绝对不能永远守着它，否则只会一事无成。"

后来，在居里意外骤逝后，他原本任教的巴黎大学校方决定破例聘用一位妇女——居里夫人为巴黎大学的正式教授。1906 年 10 月 5 日下午，课堂上的听众特别多，除了原本居里所指导的学生之外，还有名人、政治家、学者、全体教员等。大家都在猜测，居里夫人将要怎么样开始这个历史性的一刻呢？她会谈她的丈夫，感谢教育部长和民众吗？

不，她这样开始她在巴黎大学的第一堂课："当我们考虑 19 世纪开始以来的放射性理论引起的科学进步时……"她省略了所有繁文缛节，平静地继续她的演讲。"我没有期望过这种礼遇；除了能够自由地为科学工作之外，我从没有任何野心。"居里夫人为我们示范出尊重工作的态度，就是不为个人的名利，更不浪费时间在经营名利上。

尊重者的永恒信念

　　荣誉就像玩具，只能玩玩而已，绝对不能永远守着它，否则只会一事无成。

CHAPTER 2
尊重让自己学会真心以待

尊重是无私爱情的鼓励

> 我常常想，一个生命能够多么让人值得尊重，会有多特别，除了透过爱情的眼睛，我想是没有别的了。

我常常想，一个生命能够多么让人值得尊重，会有多特别，除了透过爱情的眼睛，我想是没有别的了。

在日本近代美术史上，高村智惠子在个人的艺术成就上，是个失败的艺术家。年轻时候的她，还是个颇有名气的才女。她聪明又多才多艺，读过美术学校，与日本最早的女性运动者过从甚密，也提笔写文章。

但是，她在艺术成就上的灾难，是从她跟雕刻家之子，后来也成为著名雕刻大师的高村光太郎结婚开始的。爱情让她把所有的精力都放在照顾另外一个人身上。她不但没有太多时间解决自己在创作上的困境，还要面对生活中的许多琐事。艺术家之妻的简朴生活，甚至让她从结婚之后，就再也没有买过新衣服。而她的先生光太郎，却永远不会忘记智惠子的手温柔地轻抚过他的作品时，那种像对自己孩子一样无限疼爱的样子。

当然，在智惠子因病早逝后，光太郎从恍然若失当中，更体会到了过去智惠子默默支持他创作的那份真心与尊重。若不是因为有智惠子用尽一生的尊重注目，一个与父亲决裂，个性冲动狂躁的小伙子光太郎，恐怕是不会有这么高的成就的。

同样的，怀抱作家梦想，却什么也不懂的年轻时的巴尔扎克，若不是因为长他将近 20 岁的情人贝尔尼夫人提携、教育，以经济资助和忠告扶持他的事业，帮他渡过难关，世界文豪是不可能诞生的。

巴尔扎克曾经这样回忆他的老情人："她造就了我的心灵，她已经 60 岁，生活的磨难把她变得无法辨认，而我对她的爱有增无减。在极困难的时候，她以自己的言行与爱情给我支持。我能活到现在，全多亏了她。她是我心灵的太阳。"

汉朝时代的王章，在当官之前，家境贫穷，生病时不但没钱医治，家里连一条保暖的棉被也没有。他想，再这样下去，就算没有病死，也要冻死了。他觉得人生前途一片灰暗，不禁痛哭流涕，对妻子说："我大概就快要死了，希望你好好保重。"

王章的妻子没有因为眼前的情况而灰心，她勇敢地勉励丈夫："你不要这样说。我看现在京都里的那些达官贵人，没有一个才学比得上你。将来你一定会有发达的一天。就是因为我们现在很穷，才更应该勉励自己才对，为什么要说这么丧气的话呢？"

谁知道未来会怎么样，没有发达之前的王章是不是真有当官的命？就因为太太对他抱持的信心，王章恢复了自信，不但病好了，连好运也来了，最后得到谏议大夫的官职。

想想，不只是夫妻和情人之间的爱情，其实每个人在人生的过程中，都是不断地靠着其他人的尊重，才获得支撑下去的力量。

不过，在神的眼中，最伟大的不是那些因为别人的尊重而伟大的人，而是付出自己的尊重与爱心，让别人生命发光的那些人。

尊重者的永恒信念

　　最伟大的不是那些因为别人的尊重而伟大的人，而是付出自己的尊重与爱心，让别人生命发光的那些人。

尊重是把真心放在手中

在生活中，这样小小的、令人不自在、想要生气的事情，似乎越来越多。我想，是那种细心珍惜的感觉减少了的缘故。

你喜滋滋地展示甫完成的新作品，一旁激动又好奇的小男生，硬生生地用他刚拿过油油面包的手，抢过去看。

你既着急又生气，急忙把自己心爱的作品拿回来。因为看起来，这小男生显然当这是随便的东西，一点也不珍惜地抢着看，只是因为好奇。也许作品不见得真的受损了，但是，你已经感觉到了不被尊重的态度。

若是当时小男生再不懂事，嘟囔着不服气地说："又不是什么世界名作，为什么规矩这么多！"也许你就要火冒"六"丈了。

在生活中，这样小小的、令人不自在、想要生气的事情，似乎越来越多。我想，是那种细心珍惜的感觉减少了的缘故。因为无论是谁，都需要被尊重的感觉。这不能先评价，立褒贬标准。

要不然，谁会敢把惠帝龙袍上的血渍洗得干净了！

因为这可是大将军嵇绍为了保护惠帝，以身为盾，被如雨般的箭镞所伤的血迹。大将军忠肝义胆至此，惠帝岂能不珍惜？相对地，嵇绍的忠心能有惠帝这样动心的青睐珍惜，也不枉他的牺牲了。于是，你懂了，留在心里，记着了，不忍心轻易放弃，就是珍惜。

而对对方来说，就是对这个人行为的最佳尊重了。

明代通俗文学大作家冯梦龙年轻的时候虽然已经展露才华，但却是个粗率的小伙子，既不懂得尊重自己的才华，也处处得不到珍惜他能力的长辈朋友。

但是当时冯梦龙已经习惯这个样儿，所以当他遇到知音学官熊廷弼时，仍是一副混世的调调。有一次他因为惹上官司，经人介绍，去找熊廷弼帮忙。

熊廷弼请他吃他们家家常的干鱼、烧焦的豆腐、粟米饭。冯梦龙看呆了，写小曲让他赚了许多钱，少不得吃香喝辣的他，从没吃过这么粗淡的饭菜，所以怎么也吃不下去。熊廷弼告诉他："大丈夫处世，不应该在饮食方面讲究，能吃得下粗饭淡食，才是真英雄。"

接着，熊廷弼请他回程顺便送礼物给他的另外一个朋友。冯梦龙一看，居然是个又笨重又不值钱的大冬瓜，心里就更不是滋味了。等到冯梦龙到了熊廷弼的朋友家，看到对方大宴款待，歌舞助兴，还给他两三百两银子当回程盘缠；又回到家时，发现熊廷弼已经默默地帮他解决了别人控告他的事情，他才知道，熊廷弼是真的珍惜他的才华，不同于那些在他面前奉承他，可是在他背后却又忌妒他的才华，总是给他找麻烦的人。

显然，从这个故事可以看出，尊重不见得是甜美的话语、温柔的态度，也可能是令人不习惯的严厉指导，但是，出发点都是因为珍惜这个人，为了好的结果。也许短时间看不出来、感觉不到，但是，时光既移，当你懂得真正的尊重时，回忆起来令人备感窝心，那便是了。

尊重者的永恒信念

　　尊重不见得是甜美的话语、温柔的态度，也可能是令人不习惯的严厉指导，但是，出发点都是因为珍惜这个人，为了好的结果。

尊重有时候就是懂得顺其自然

对于每个人来说，能够自由地顺着自己的感觉，做自己想做的事，无疑是最幸福的。

教堂里传来唱诗班高声的歌唱，还有紧跟着越来越大声的打呼声。原来铁公爵惠灵顿又在教堂里呼呼大睡了。

这位在战场上从来不睡觉，连打盹儿都不必的大将军，偏偏有一个奇怪的毛病，就是一进教堂就像是被睡虫缠身，想不睡觉都不行。

但是，大家都心知肚明，也尊敬他在沙场上立下的功劳，体恤他的辛苦，所以不但不把他叫醒，还让他继续睡。

而且为了掩饰他的鼾声，每每唱诗班还要努力唱得比他的鼾声还大；虽然这不是一件容易的事，因为他会因为唱诗的声音越大，打呼声也会跟着越大声。

叫醒他，让他好好地做礼拜吗？不，尊重他，对他比较好的方式，还是让他睡吧。

对于每个人来说，能够自由地顺着自己的感觉，做自己想做的事，无疑是最幸福的。

可惜，这样的幸福却不是这么容易得到。因为有太多人以为的幸福跟你不一样，急着要改变你，控制你，而且他们觉得自己才是对的。

比方说，中国历史上最喜欢自由，不喜欢做官被约束的庄子。庄子说，如果要他去做官，那么就像一只乌龟被杀死，供在神明前面不能动弹一样。与其这样，不如让它好好活着，自由自在地在烂泥巴地里面爬来爬去还好些。

著名的音乐家肖邦与作家乔治·桑的爱情，终究无法长久，也是因为自开始这就是一段缺乏尊重的爱情。

缺乏尊重并不是因为爱情的阙如，而是因为乔治·桑在这段感情当中，坚持用自己的方式来照顾体弱多病的肖邦。

她说："我需要为一个人感受痛苦。"

于是，乔治·桑把治好"她的病人"当成心目中最重要的事情。

因为这个强烈的意念，她固执地决定把肖邦带到西班牙外海的一个小岛上长期休养。

结果，这个偏僻又缺乏良好住宿，且时常下起倾盆大雨的地方，差点让肖邦送命。

后来，曾有几度短暂的时间，肖邦的身体好了一点，但是基本上肖邦的体质是改变不了的。于是，乔治·桑抛弃了肖邦这个令她的努力没能得到相对回报和成就感的男人。

可怜的肖邦！乔治·桑根本没有认清他真正的状况，只想要改变他，最后当然只有失望地离开。可是，对肖邦来说，这个过程却是许多伤害的累积。若是乔治·桑真爱肖邦，尊重这个人，那么，接受他原本的样子，反而比积极地改变他更重要。

事实上，在所有的关系当中，都有自然的消长平衡。

单凭一己的意志，想要改变这种平衡状态，一般来说都是不可能，要不就是会有大灾难的。

比方说，很多人批评非洲的国立公园，每天固定要杀害300到500头大象是非常残忍的事情。可是为了调整整个保护象群的数量，这是不得不做的事情。因为一旦象超过一定数目，就会独占水源，破坏植物，使其他动物或鸟类不能生存。

除非一切回归自然法则，尊重自然里的生存死灭，不然这种仿效自然的保护与灭杀，就势必进行不可，才能维持生态平衡。

经过细心的科学研究之后，生物学家才能为大象的保育做出这样可比拟上帝的大计划，可是，对于在我们周围的人们，显然要彻底研究了解他们，并不是容易的事。

那么，最简单的方式，还是尊重上帝的计划，还他们本然的面貌。

尊重者的永恒信念

　　若尊重这个人，那么，接受他原本的样子，反而比积极地改变他更重要。

尊重是站在对方立场着想的体贴

　　有时候，人也会得意忘形，或者因为没有遭遇过不幸的事情，而无法体会不幸者的痛苦，忘记体谅别人的立场。

　　作为语言交换生的日本朋友由美子刚来台湾的时候，我们经常约在台大校门口见面。

　　我们不只交换学习语言，还交换对于许多事情的经验与看法。

　　记得我是这样跟她介绍台大校门口的：很多男生在这里，在第几棵椰子树下，等女朋友姗姗前来。

　　是的，女生总是让男生等，平常就是。

　　如果不高兴，可能要让他等更久。

　　我以为这是很平常的事情，因为我看很多人都是这样。

　　没想到，由美子说："怎么可以这样？"

她说在日本，女生对男生很好的，绝对不会做出这样故意的事情。

当时我还笑说，怪不得全世界的男人都想要娶日本太太，因为她们实在是太温柔体贴了。

如果由美子这样说，是因为日本男人的沙文主义，这也不对。

因为从已经结婚多年的香织口中，人们经常会发现，即使她是专职的家庭主妇，她的先生也不会因此而要求她每天一定要做菜。

有时候她说很累，或是跟朋友出去喝下午茶，来不及做晚饭，她的先生还会体贴地说："我就先在外面吃饭吧！"即使他有个对台湾食物非常不适应的胃。

当然，对于香织来说，她很少会聊天超过做晚饭的时间，也是因为体贴先生的心意使然。

从这些日本朋友小小的生活片段中，让我学习到，她们能够这么平静地面对人际关系，是因为尊敬对方，先为对方着想，总是体谅别人的立场。

有时候，人也会得意忘形，或是因为没有遭遇过不幸的事情，而无法体会不幸者的痛苦，忘记体谅别人的立场。

　　我是读到卡夫卡的短篇小说《判决》才体会到，原来告诉不幸的朋友自己的好消息，要非常小心，避免让对方因此而感觉受伤。

　　的确，偶尔朋友的好事，如果正对着我失意且无法释怀的心情，要鼓起勇气，扬起嘴角祝福，真的是一件非常痛苦的事情。

　　但是，根本来不及细细反思，抛开自己的心情感受，只是为对方着想的事情，还有很多呢。

　　这就不得不让人佩服作家林文月的孝心了。

　　据说有一次，她的父亲生病，她到医院去探病时，恰巧刚吃过东西的父亲呕吐，喷得她一脸都是。

　　一般人若是遇到这样的情况，一定要嫌恶地把脸别开，赶紧冲到洗手台冲洗，说不定还会破口大骂对方不小心。

　　可是，林文月为了不让父亲感到难堪，并没有刻意把脸别开，而且表情泰然自若。

　　试想，子女对父母的孝心，光是这一小小的举动，就够令人敬佩了。

　　毕竟，再没有比这样的举动更能够说服病人："我们真的很关心你，非常愿意接受你生病的状况。"

　　我想，任谁是这位幸福的父亲，因为这样贴心的女儿，病都要好一半了。

　　因为尊重的、体谅的正面能量也是会互相感染的。

　　一旦有一天下班，同事们不再是臭着脸，一副再待下去就会累死的样子，而是互相说："辛苦了，早点回家休息吧。"那么，听到这话的人，一定会整个人都轻盈起来。

尊重者的永恒信念

　　尊重的、体谅的正面能量也是会互相感染的。

适度保护的尊重

> 就是因为父亲曾经帮我挑选许多好书，所以，在我心里始终相信乐观、善良、坚强等特质，在人生中永远都行得通。

一天在图书馆的儿童图书室闲晃，不经意地看到许多小时候爸爸曾经买给我的儿童读物。

看着书架上这些已经被许多爱看书的小朋友翻阅得书角凹陷、书页翻折，有着斑斑磨损痕迹的书，想起父亲予我的独一无二、属于我的那些儿童书，突然觉得自己幸福。

"原来，我有这么快乐的童年。"这么一想，突然感动得不能自已。就是因为父亲曾经帮我挑选许多好书，所以，在我心里始终相信乐观、善良、坚强等特质，在人生中永远都行得通。

我很理解，为什么孟子的母亲为了要帮他找到一个适合成长的环境而不断地搬家。因为小孩子很容易受到环境影响，一旦影响成为本性的一部分，想要再改变就很困难了。

1934 年生于安大略的五胞胎戴奥尼姐妹，在最近就曾恳切致函生了七胞胎的麦考伊夫妇，请他们不要把多胞胎当作商品谋利。

"我希望你们的孩子比我们得到更多的尊重，他们的生命和其他孩子没有什么两样。生多胞胎不应该和娱乐混为一谈，更不应成为促销商品的机会。我们被出生地安大略政府剥削利用，苦不堪言，一生都毁了。我们被当成宝，向千百万名观光客展示，每天三次……"

当然要小孩子原谅父母，有时候好像也很简单。因为父母也是平凡人，他们也会有犯错的时候。

当我阅读三岛由纪夫小说《金阁寺》时，一度为主角父亲"爱的手掌"感动不已。

当他看到母亲与别的男人偷情，他父亲的手从背后蒙住他的眼睛。他这样形容："那是由背后回绕过来，把我看到的地狱在瞬刻之间从我眼底遮去的手掌。是另一个世界的手掌。爱吗？慈悲吗？或者是由屈辱而来，我不知道，但却把我接触到的恐怖世界，立即中断并且埋葬在黑暗之中了。"

有时候小孩子过度了解大人世界的黑暗面，甚至被父母当作朋友一般倾吐分担心事，总觉得有点不对劲儿。我认为，大人们有自己的责任和问题，小孩子也有。

小孩的责任就是负责快乐长大，大人应该自己解决自己的问题，不应该丢给小孩子。

大人们应该尊重小孩子，不能因为他们不知道自己有这样的权利，不知道拒绝，就任意对待他们。刚好日前看到日本 NHK 电视台，到西藏拍摄新鲜草菇（松茸）的节目。本来藏胞对满山遍野的草菇，以为取之不尽，在盛产季节，每天上山，大有"竭泽而渔"之势。

后来警觉到，不加节制的话，大家将无菇可采。于是在会商取得共识下，进行"封山"一周，过了期限，大家又采到鲜美的野菇了。

日本北海道有一渔村，本来靠着采收贝类为主要收益来源。可是大家争着采收的结果，变成无贝可采。后来，有心之士发起流放幼贝运动，5 年一采，反而比往年之采收还要赚钱。

不管是大自然还是人，如果不好好地尊重，反而过分耗损，很快地就会尝到枯竭的报应。所以，即使目前所享受的一切都是如此美好，好像也不需要付出什么代价，也千万不要任性地以为真的不必。因为就算有上帝的恩赐，也要尽到保护的义务，才能够长久地获得。

尊重者的永恒信念

　　即使目前所享受的一切都是如此美好，也千万不要任性地以为真的不需珍惜。因为就算有上帝的恩赐，也要尽到保护的义务，才能够长久地获得。

尊重就从礼貌开始

> 对于不喜欢的人，最基本的礼貌还是不可以少的，因为这是尊重的开始。

甫自学校毕业开始上班的英子，简直无法接受许多从八卦消息里所知道的同事、上司的人品。

年轻气盛的她总是想：这些人凭什么当我的上司，只因为公司是他出钱开的吗？好吧，他人品不好不干我的事，那么，至少工作上有点特别的本事吧。

结果，每次开会，英子总是在心里对这些前辈的提案嗤之以鼻。

当然，原本不想尊重别人的心态，多少也影响了英子看别人优点的能力。记得英子要离职的时候，某个她在心里不屑很久的主管，居然跟英子说："我知道你一直都看我不顺眼。"

英子心里想："糟糕，我那一点也掩饰不了秘密的脸，居然早就把内心的不满让对方看出来了。"

所以，那位上司才不管英子的工作表现如何，英子要辞职就辞职，他甚至不愿做做样子，慰留一下，还一副如果你自己不走，就换我们把你撵走的傲慢姿态。

因为不尊重的态度，让英子在工作上得不到任何帮助，自然也没有从前辈们身上学到什么社会经验，都是单打独斗。对于不喜欢的人，最基本的礼貌还是不可以少的，因为这是学习人与人互相尊重的开始。

其实，有些人不说，心里却很在意，谁愿意被亏、被糗呢？若是因为这样，对方出其不意让你在工作上吃亏，那多划不来呀。所以，真正的专业人士，连开玩笑都会深思熟虑，分清楚场合和对象。绝对不会为了一个即兴制造的"笑果"，而不顾一切地说出来。

在长野冬运会前，挪威有一则广告，图案是雪白的手帕中央有个血腥的红太阳，文案说："祝参加冬运会的女运动员好运。"当然，这马上令日本外交官提出抗议。日本当局非常不满地说："我们不觉得这是什么创意广告。"

其实，这当然有创意，谁想得到呢？问题是，这实在是太没有礼貌了，不但一点儿也不尊重日本的国旗，连带地日本国民也会感觉受到自挪威来的轻蔑。

尊重者的永恒信念

　　对于不喜欢的人，最基本的礼貌还是不可以少的，因为这是尊重的开始。

没有信任，何来尊重

信任对方，有时候，根本是不需要任何证明的。

看到邻座的同事在男友出公差的短短一小时内，拼命地打电话，顾不得手上的工作，就是非找到这个"幸运"的男士不可。

另外一个同事走过我的座位旁，看我一脸惊奇，笑着在我的便条纸上写道："索命连环 call。"

想必大家是见怪不怪，甚至已经习以为常了吧。

"难道你是怕他会在路上出车祸吗？"中午一起吃饭时，我问这个索命连环 call 魔女。

还好，魔女没有伸出魔爪，也没有骂我乌鸦嘴，她笑着说："就是想他，想知道他现在在做什么嘛。"

我更觉得奇怪了，不是大家都知道那个"幸运儿"就是去某个客户那边谈事情，然后顺便要拿回一份稿子，签下一份合约嘛！电话打得这么凶，谁还能专心工作呢？

果然，这对情侣自从最近冒出爱情的火花后，工作效率大减，同事们已经开始数着他们什么时候能够过完他们爱情的蜜月期，好好工作了。

"我也不知道为什么，就是这么想打电话给他，明明才刚说过话，或是也没什么话好说，只是问他现在在做什么，一点重要的事也没有。我想也许是因为我没有安全感吧。"

原来问题出在对彼此的信任上。有了手机之后，再没有人有王宝钏苦守寒窑18年的功力了。

一旦心里不安，就打手机、发电子邮件、传真，天涯海角还有找不到人的理由吗？

可是，这样就能信任对方了吗？说不定只是让没有安全感的人，永远没有机会让自己静下心来信任对方，或是让本来就不值得信任的感情，无奈地拖延更久罢了。

最重要的是，这样的不信任，就是一种不尊重。

如果不是因为信任，怎么可能让司马迁愿意用性命担保好友李陵绝对不可能投降匈奴！

在汉代，他们没有任何通信设备，更没有心电感应，唯一有的只是长久交往后，对于对方人格的信任。

那么，管仲又为什么能说"生我者父母，知我者叔牙"这样的话？

管仲和鲍叔牙两人分属政争中的不同阵营，几年没有机会说话。没想到鲍叔牙一直信任管仲，并没有任何叛变的意念，相信他只是受情势所迫。

信任对方，有时候，根本是不需要任何证明的。

只要你愿意相信，对方就能感受到这份尊重。

"总不要等到他有一天受不了，跟你说：'你根本不相信我嘛！'才不得不改掉拼命打电话的坏习惯吧？"

"其实，别看我打电话打得这么顺手，这一阵子，为了他，我实在是快要累死了。要不是你这么一说，我还真不知道怎么停止我这么疯狂的行为呢。"小魔女露出两颗虎牙笑了。

况且，想象那些忍耐着自己思念的心情，为了让情人可以专心工作的那些人。若不是因为这样，总是为对方着想，而只是由着自己的性子，想怎么样就怎么样，怎么能算是真正的爱情呢？

信任其实就是一种尊重的开始。

尊重者的永恒信念

信任其实就是一种尊重的开始。

尊重就是互相欣赏

尊重自己，并不见得要建立在践踏别人的尊重上。可以尊重自己，同时也尊重别人，互相欣赏彼此的优点。

手帕交自从跟男友分手之后，人变得愈来愈漂亮，连个性都变得开朗不少，每天总有参加不完的活动，好像这个世界是她的似的，热情地过着每一天。

我都不禁要笑她："你是真的，还是故意要气气那个跟你这大美女分手的倒霉男人呀？"

"你说谁呀？你是说那个总是要我崇拜他，而且非得把他的猪脚踩在我头上的大沙猪吗？"大美女朋友说。嗯，我想，这曾经是她口中一生一世的白马王子，竟然这下被她说成一头猪，我看我还是不要随便乱说话比较好。

只是，就我认识大美女这么久，当然知道她本来就美，而且兴趣广泛，外加精力充沛，热情过活就是她的本色。要不是几年前不小心陷入情网，男友开始干涉她的活动，她也不会跟一干好朋友渐渐疏远，开始"三从四德"起来。

基本上，她会毅然决然地分手，当然就是因为，男朋友太大男人主义，与她的大女人主义无法共存。

她说得才妙："刚开始他追我的时候，把我当成白雪公主，等到追到手，他成了白马王子，我却变成小矮人了。这是什么道理？"对呀，谁能够忍受这种唯我独尊，不尊重别人的态度呢？就算眼睛被蛤肉糊到的爱情，都没办法坐视这种状况，而浑然不觉。还好大美女朋友及早发现，脱离苦海，不然，还不知道要被对方的不尊重践踏多久呢。

我们常常因为别人的尊卑价值或态度，而影响自己的判断，失去真正应有的尊重。

在过去皇帝最大的时代，谁敢在皇帝面前跟他以平等相称？不管皇帝怎么不对，仍然要卑躬屈膝。偏偏就有像王僧虔这样，非常尊重自己的人，就不想因为皇帝而委屈自己。

南朝齐高帝萧道成，自小对书法就非常有兴趣，而且颇有造诣，能写出一手好字。齐朝有个中官王僧虔，是大书法家王羲之的四世族孙，他继承祖法，在楷书和行书上都颇有特色。

有一天，萧道成一时兴起，竟然想要找王僧虔比试书法。大凡这样的比赛，胜负已经很明显了。谁敢打败皇帝呢？况且又是一位对书法这么喜爱又自负的皇帝。可是，这固执的王僧虔还是一样非常认真，一如往常拿出真水平，那架势，像是真要跟皇帝一较高下，周围的大臣们都为他捏了一把冷汗。

比赛结束后，齐高帝问王僧虔："你说我俩书法谁为第一？"王僧虔不假思索地说："我第一！""你说什么！"齐高帝顿时满脸怒容，大臣们也个个目瞪口呆，他们万万没有想到王僧虔这么大胆。这下恐怕有杀身之祸了。

这时王僧虔面不改色，微笑着对齐高帝说："不过，皇上的书法也是第一。""这话怎么说？"齐高帝脸色稍稍好转。"我的意思是说，我的书法在臣中数第一，皇上的书法在帝王中数第一。"萧道成这才转怒为喜。

谁说只能有一个第一名？大家都可以写得很好，都可以当第一名呀。况且，与其用"比较"的心来看自己和别人的成就，真还不如惺惺相惜，彼此互相欣赏来得有意义。

所以，就算一对情侣，刚好男的是"大男人主义者"，女的是"大女人主义者"，那也不会构成冲突呀。因为尊重自己，并不见得要建立在践踏别人的尊重上呀。可以尊重自己，同时也尊重别人，互相欣赏彼此的优点。

尊重者的永恒信念

　　我们常常因为别人的尊卑价值或态度，而影响自己的判断，失去真正的尊重。

尊重是真心相待

> 当一切都归于尘土，能够永远留住的，还是精神上所感受到的尊重。

刚踏入社会工作，涉世未深时，身边常常会出现许多莫名其妙的新朋友，或是久未联络的旧朋友。这些朋友的好，会让人有点受之有愧，像是完全不计较自己的付出似的，热络程度超过寻常。

可是，过一阵子，就会发现他们不是兼职就是全职的推销员。

他们会在有意无意间提到他们的产品，接着，当然就是希望你在人情压力之下，购买他们的产品。通常会在买完产品之后，感觉自己好像受骗。这些朋友过分一点的，就干脆消失不见，有些则是很难找到，或是渐渐冷淡。

像我从来没有买过这类产品，遇到这种人，要不是得到一个真心的朋友，就是失去一个利用友情赚钱的假朋友。久了之后，我也不讳言跟这些推销员朋友问起他们怎么样做推销的工作。有的人的确是有目的地交朋友，为了推销。如果买的人觉得产品不错，也愿意买，当然一拍即合，没有什么利用朋友关系的问题。

有的人则是对朋友平常心，也不讳言自己推销员的身份。朋友有需要向他们询问，他们就会介绍。这样看来，好像这类推销方式比较吃亏，可是其实不然。因为有了好口碑之后，朋友会介绍朋友，有时候根本不用自己费力，就会自动得来许多新的销售机会。

他们不用利用朋友，反而因为尊重朋友的选择及友情，往往人（朋友）财（业绩）两得。

当然，我所知道的，都是比较尊重朋友关系的善意推销方式。所以，跟他们相处一点负担也没有，我也更能够体会销售员的甘苦，也不至于一竿子打翻全船人，认为推销员一定就是不好的。

在《列子》书中有一则寓言，就是在友情中缺乏善意，想要利用朋友，而被朋友抛弃的故事。

海滨住了一位喜爱海鸥的人，每天早晨都到海边去和海鸥游戏，成百的海鸥向他飞来。

于是，他的父亲对他说："听说海鸥都跟你玩，你抓几只回来，让我也玩玩。"

第二天，这个人再去海边，海鸥只愿意在天上飞翔，一只也不下来。

我的推销员朋友都说，没错，这些海鸥真像是刚开始听到她做保险时，所有亲朋好友的态度。所幸，大家经过一阵子的小心观察之后，发现我的这个朋友跟原来一样诚恳待人，也就不再远远地躲着她。甚至有时候还会有亲戚介绍想要买保险，可是却对保险没有认识的人找她呢。

她还跟我说，上次她去佛罗伦萨旅行的时候，听到关于但丁的故事，让她深自警惕，千万不要忽略对人的尊重。

出身意大利佛罗伦萨的诗人但丁，一生热爱他的故乡，但是却因为他所倾向的政权失势，而被流放国外。

去国多年，他一直想落叶归根，不过直到后来，法令宽松之后，仍要他缴相当高的款项，才准他返乡。

但丁当然拒绝用这种方式回家，所以最后等到他死了之后，都还葬在异乡。

直到今天，当佛罗伦萨的居民不断地跟但丁逝世地点的城市要回这位世界级诗人的骨骸时，还被取笑说："当初你们不要这个活人，现在却这么积极要他的死尸！"

是呀，当一切都归于尘土，能够永远留住的，还是精神上所感受到的尊重。所以，尊重永远怕太晚，因为一旦尊重的关系破裂，要再破镜重圆就很困难了，一如海鸥和但丁。

诚恳以待，是让别人懂得如何尊重彼此的第一要素。

尊重者的永恒信念

　　诚恳以待，是让别人懂得如何尊重彼此的第一要素。

尊重是不轻易评断

　　你们不要论断别人，免得你们被论断。因为你们怎样论断人，也必怎样被论断。

　　麻美在日本是个小有名气的导演。

　　不过，自从跟着先生的工作来台湾后，她就没有再执导过新的电视剧，每天过着家庭主妇般的生活。

　　我有时候也会问："麻美呀，会不会后悔来台湾呢?"

　　麻美耸耸肩说："这也是没有办法的事情，本来我们还以为只要来一年呢。"

　　"那么，你以后回日本，还会继续做电视剧的导演吗?"喜欢看日本偶像剧的我非常关心地问。

　　"看看啰。如果有机会的话。"麻美非常随缘地说着。

　　"好像有点可惜呢。"我不禁忧心地说出了这样的话。

麻美摇摇头说："哎呀，别那么为我担心嘛。其实我来台湾这几年，收获也不少，给我许多未来拍片的灵感呢。我偶尔也会把印象深刻的事情记下来，说不定你以后在台湾看日本连续剧，还会看到熟悉的故事呢。"

大概是麻美实在是太融入台湾生活了，她的普通话不但地道，还带有一点台语的腔调，走在路上，根本没有人会怀疑她不是台湾的家庭主妇。

毕竟是导演，不但观察仔细，还可以马上学会。

但是，这也让麻美有点小小的困扰。

有一次，麻美到台湾朋友家做客。

因为听说有日本人要来，一下子来了一大堆看热闹的人，大家都争着要问她问题。

他们很关心麻美来台湾做什么。

"因为先生工作的关系，我跟他来台湾。"麻美很客气地说。

"那么，你在台湾做什么呢？"有人好奇地问。

"当家庭主妇啰。"麻美轻松地说。

接着，这家人就开始七嘴八舌地说你为什么不找工作；是不是日本人在台湾很难找工作；日本太太都不工作，这样先生赚的钱够用吗之类啰唆的问题。

大家都没有先弄清楚麻美的事情，就开始根据自己的想象随便下结论，甚至还给她建议，听得麻美觉得非常不受尊重。

于是，就连这时电视上刚好播出麻美当助理导演时所拍过的电视剧，她也懒得跟大家说，这就是我的作品了。

"我知道他们并没有恶意，可是还没有问清楚就这样说我，让我觉得非常不受尊重呢。"麻美说起这件事情时，还非常生气呢。

我这还是第一次看麻美生气，所以有点惊讶。

我试着缓和一下气氛，跟她说："谁叫你一点都让人看不出是日本知名女导演呢！"

一次宋朝的大文学家苏东坡游览浙江莫干山，来到一座寺庙。

他焚香膜拜后便四处阅览一番，在庙旁的廊上遇见庙的住持。

老僧见他衣着简朴无华，猜他准是个平庸劳碌的市井凡夫，因此只是冷冷地一指木椅说："坐！"又呼童子说，"茶！"

交谈一阵后，老僧见此香客谈吐不凡，满腹文章，就把苏东坡引进厢房，客气地说："请坐！"又吩咐童子，"敬茶！"

直到老僧知道来客竟然是大文豪苏东坡时，连忙赔笑把他让到客厅，恭恭敬敬地说："请上坐！"又吩咐童子，"敬香茶！"

临别，老僧恳求苏东坡写副对联，留作纪念。"坐，请坐，请上坐；茶，敬茶，敬香茶。"苏东坡写道。

老僧非常尴尬，再三道歉。

这是不是有点应了圣经里的话呢："你们不要论断别人，免得你们被论断。因为你们怎样论断人，也必怎么被论断；你们用什么量器量给人，也必用什么量器量给你们。"（《马太福音》）

尊重者的永恒信念

你们不要论断别人，免得你们被论断。因为你们怎样论断人，也必怎么被论断。

CHAPTER 3
人生最值得珍藏的价值

如太阳般的负责

对目前的自己负责，同时就是对自己的未来负责，累积实力和好运，这是成为受人尊重的人的第一步。

我常常开玩笑说，有兄弟姐妹的最大好处，就是可以推卸责任。

小时候我很喜欢趁着妈妈不在房间，玩她化妆台上的东西。

"聪明"如我，当然不会把这些化妆品涂在自己的脸上，这不是太明显了吗？一旦妈妈突然出现，根本连逃都来不及。

所以，我总是"帮"妹妹化妆。

可是我经常觉得，难道大人就比小孩子更能够负责吗？对于已经长大的我来说，实在不太能够完全认同。

在成长的过程中，周遭的环境又教会了我们许多推卸责任的方法。甚至许多表面上看起来很风光的人，事实上都是会推卸责任的。

比方说，不同部门的官员互相指责对方，把责任推给别人，叫作"踢皮球"。

从小学生到大学生，作弊和抄袭的技巧似乎越练越高明，而且大家都会说"又不是只有我，别人也都这样呀"，用这种方法来规避责任。

在职场上，晋升比较快的同事，或是自己的直属上司，看起来好像都是那些最会利用别人，然后把所有的功劳揽在自己身上的人。

若不是有那些看起来比较老实的人，会想如果没有我这样负责地工作，公司早就垮了。那么，结果真的不堪想象。

那些老实负责的人，实在很笨吧。回家可能还被父母、妻子责骂，为什么工作量比别人大，做到快要过劳死，可是，每次都轮不到加薪或是升官的机会呢？

就像日本电影《铁道员》里的主角一样，一辈子守着偏僻的车站，连太太生产，孩子生病，都没有办法抽身照顾。但是，等到年纪大了，这条火车路线被废止，他也无力挽回，更得不到什么回报。

当我说完这个故事，你会觉得当个负责的铁道员很不值得吧？

但是，当我看完电影，却会因为他对工作的态度而感到非常敬佩。

我甚至开始相信地球会运转，都是因为有许许多多我们不注意，但像铁道员一样尽责地在自己的岗位上默默地付出的人，才有平安顺利的每一天。

当所有的书籍都在教导人们如何更快、更有效率、赢得更多，却只要付出一点点时，我想，世界上没有人能够不为自己的结果负责，那么，一定会把责任转嫁到别人身上，甚至让未来的自己吃亏，一点也没有占便宜的机会。

例如，天文学家开普勒本不需要接下布拉赫做不完的工作，而且根本没有任何经费。

可是，开普勒坚持布拉赫编制天文运行表的遗志，并不断向宫廷申请筹钱。后来他又自己支付排印的费用。

这不过就是两个执着的天文学家之间的小事吗？不，这部作品代表着天文学上的新纪元。如果不是因为身为天文学家的使命感，这样的研究结果是不可能出现的。

美国幽默作家马克·吐温刚开始写作时，非常贫穷，甚至还欠银行一大笔钱。只要宣告破产，就可以轻松告别这笔债务，重新开始。可是马克·吐温竟想要还这笔钱。

为什么呢？因为他不想要让其他人因为他亏欠的钱而蒙受损失，即使他这样做也不违法。他更不想因为自己不负责任的态度，而终身信用受损。

美国著名脱口秀主持人奥普拉（Oprah Winfrey）就曾说："我的生活哲学是，人应为自己负责；在此时此刻尽力而为，此外，还能让自己在下一刻站上最佳位置。"

没错，对目前的自己负责，同时也就是对自己的未来负责，累积实力和好运，这是成为受人尊重的人的第一步。

尊重者的永恒信念

　　我觉得更值得尊敬的是，对那些大家觉得不用那么负责任也没关系的事，还是很努力地负责到底的人。

如饱满稻穗般的谦逊

美国作家史坦贝克在获知得到诺贝尔奖之后的表现，被后人称颂不已。

当记者问他得知消息后的感受时，他首先回答："我简直不敢相信这是真的。"

又有人问起时，他说："我喝了一杯咖啡。"

再有人问他，他只好说："坦白说，我不够格。"

当然，我不能怀疑他谦虚的真实性，因为他的个性素来直接坦率，可是，试试看，不接受诺贝尔文学奖会怎样？像萨特那样，拒绝领奖。

当然，萨特的想法跟史坦贝克的相反，他觉得不够格的是诺贝尔文学奖。可是，诺贝尔文学奖代表的不只是诺贝尔这个当初出钱的人，还代表了许多意义。

福克纳在诺贝尔文学奖致答词中说得最好："我

总觉得这个奖不是颁给我个人的，而是给我的这份工作——这份工作是人把自己的一生，耗费在人类心灵的困顿和劳苦之中，既不为浮名，也不因虚利，而是以人的心灵作为原料，试图创造出某些未曾有过的事物来。所以我说这个奖只是暂时交由我托管罢了。"

因为不管是史坦贝克或是萨特，对于接受这个奖项，想到的都是自己，而没有想到写作这份工作，需要多少人类的心灵支持。

所以，日后福克纳不仅因为他所写作的作品和得奖的荣誉受到尊重，包括他的这段得奖致答词都被人称颂不已。因为他体现了作家对于人类心灵的最大尊重。量子力学的创始人之一丹麦科学家波尔，有一次访问苏联，出席莫斯科物理学家们为他举行的一个欢迎会。

在他演说完之后，有人问他："你是如何成功地创建一个世界第一流的理论物理学派的？"

他很快地回答说："因为我从来不觉得，向我的学生承认我是个傻瓜，是件羞耻的事。"

因为承认自己的不足，让波尔能够与其他人合作，开创出物理学的新学派。

战国时代，齐国的宰相晏婴是个非常有名的人物。

有一天，晏婴车夫的妻子因为仰慕晏婴，而在晏婴的马车经过时，偷偷看了一下。

结果，她看到伟大的晏婴谦虚地坐在车子里面沉思，非常不引人注意。相对地，她那只是当车夫的老公却得意得跟什么似的驾着马车，好像全世界没有谁比他更有成就了。

于是，当她的车夫老公回家，她就跟他说到她所看到的景象。

"身高不满五尺的晏婴，能够得到这么高的成就，却依然那么谦虚，而你呢？身长超过七尺，不过是当他的车夫，却那么骄傲，真是令我觉得可耻。"结果这位车夫受到妻子的激励，开始奋发努力读书，态度也变得谦虚起来。

过了不久，晏婴发现了车夫的改变，问起原因，不但将车夫拔擢为官，还大大地赏赐了这位有智能的车夫太太呢。

尊重者的永恒信念

　　波尔说："因为我从来不觉得，向我的学生承认我是个傻瓜，是件羞耻的事。"

如蜜蜂般的认真

认真的人总是比较容易受到别人的尊重。

成功的道路既不容易也不迅速。

每到周末聚餐，习惯迟到的永远都是同一个人。

"反正他到了!"大家虽然对他迟到的习惯有点受不了，不过，都在心里这样说服自己，这没有什么好生气的。

可是，当他开始说起自己总是以"临时抱佛脚"的态度完成自己的工作，却又表现得不错的时候，谁都要摇头叹息了。

虽然他本人觉得这样没有什么不好，而且结果也是他满意的，但是，总觉得他的态度不太可效法。因为一旦出了什么意外，他不见得真的可以成功地抱到佛脚，那时候该怎么办?

可是，就算建议的话大家都说到口水用尽，他还是依然故我，甚至凭他的小聪明，还偶有出色的表现。

他当然是改不了这种习惯啰。因为他从学生时代，就是考前三分钟大王——他总是考试前三分钟拼命背书，然后考完就忘得一干二净。偏偏这个方法对他就是有用，至少平常不读书的他，还总是可以名列前茅。

但是，要他扎实地做研究是不可能的，所以他自动放弃了直升研究所的机会。进入职场之后，他也总是接小案子做，太庞大的事情他做不来，别人也不敢让他负责。而那些真的没有他那些机智小聪明的同学，渐渐地在自己认真耕耘的领域里面开始收获时，他还在为自己顺利卖弄小聪明应付了身边的事情而得意，也快要得意不起来了。

有一次，他因为太过骄傲，以为很熟悉的演讲侥幸没有准备，被听众问到一个很基本的问题，却答不出来，弄得全场嘘声不断。

那些认真于自己该做的事情的人，虽然花费很多心力在工作上，却不急功近利，宁可慢慢来，才不像他总是急急忙忙的，反而让人担心会因为压力而生病了。

因为认真的人总是比较容易受到别人的尊重。

当世人比较起作家的写作态度时，我就十分佩服《飘》的作者，因为据说小说中每个出现的场景，她都——亲身走过。

大家比较受不了像大仲马那样，当他在大写特写他的埃及之旅连载于报纸上，炫惑许多读者后，大家才发现，其实他根本没去过埃及。

若是达·芬奇不是历史上一流的画家，我想，单单他为了画好取自圣经的人物，而仔细写生研究表情神态的认真程度，也足够成为一流的艺术解剖学专家了。

达·芬奇总是把观察到的人物或动物画上几百次，才画到画布上。

据说他为了画农民，曾把市集上的农民带到家里，让他们喝得醉醺醺的，再作画。

正如居里夫人在实验中所发现的这个真理："成功的道路既不容易也不迅速。"

除了认真的精神之外，所有的聪明才智，好运气，都是不可长久依赖的。而唯有靠自己的认真获得成就的人，才能让人由衷受到尊敬。

尊重者的永恒信念

　　而唯有靠自己的认真获得成就的人，才能让人由衷感到尊敬。

如乌龟般的踏实

有些事情要有作为就是要耐得住一再地重复。

这几年来，一直在做一本关于"写生"的书，内文不长，可是，却因为编辑方向迟迟未定，所以同一篇文章经常在编辑会议之后，又退回来，来回已经改写过数遍。我不是个耐得住重复做同一件事情的人，为了在枯燥的改稿子过程中制造小小的乐趣，我每次都是大改写，用不同的方式写，简直把历史故事和采访稿当成小说来写了。

有一天早上被编辑的电话叫醒，睡眼惺忪的我还突发奇想，觉得连故事的主角我都写腻了，决定要换人。

"什么？换人？你当你在写连续剧脚本呀！这是历史研究耶。"编辑在电话另一端，非常没有幽默感，气急败坏地对我吼叫着。

编辑提醒我，基本上历史学家就是一辈子研究那几个人，如果因为这些事情，而感到腻烦，甚至想要幻想出新的人物剧情，还做什么历史研究呀。亏我还是念历史的呢。

编辑接着说，有些事情要做好，就是要耐得住一再地重复。就连一起工作，示范写生的画家，在同一个地方写生都不知道去过多少次，画过多少画，才最后得到比较满意的作品。据说他还想要继续在那儿画。

"好啦，真是令我佩服得五体投地。"听到我懒懒的声音，居然一反常态，这么容易就松口说佩服，百分之百已经有自甘堕落的倾向，编辑更急了。

我忍不住说，好啦，那我佩服李白好了，我的同行。如果有个老婆婆真的在我面前用铁杵磨成针，我还会告诉她，这样太浪费材料了，这样一根铁杵，应该做成许多根针才对。

可想而知，我们的编辑大人更生气了。

"好啦，大作家，不然你想怎样？"编辑受不了我乱说故事，决定投降了。我伸伸懒腰，其实自己只是讨厌陈腔滥调，而且觉得刚才那些故事没办法说服我嘛。

不过，我当然也知道，如果没有踏实地工作，就没有办法呈现出比较好的结果。而且就算当时再怎么尽力，等书出版之后，还是会觉得离完美有些距离。因为要做到尽善尽美是如此的困难，谁都懈怠不得。

我也希望有一天能够像发明显微镜的虎克一样得意。

他说："莱顿大学的师生早就被我的发现弄得眼花缭乱。他们聘请了三个磨镜片工人来教学生。可是有什么结果呢？我想，什么结果也没有，因为他们在学校的课程几乎都是为了利用知识赚钱，或者向人们显示他们多么有学问，以此得到全世界的尊敬。这些事情都与发现我们肉眼看不见的东西无关。我相信一千人当中没有一个人能够进行这种研究，因为这需要无限的时间，白花许多钱，还必须整天不停地思考，才能做成一点事情。"天哪，他没有钱，没有帮手，用尽自己一切的能力，结果，他做出了最好的结果。

我也知道旅馆业的创始人史坦勒先生，虽然被公认是不世出的天才，但是他的私人秘书早就透露不是这么一回事。因为他的伟大主意，是经过左思右想，再三思索才想出来的。

　　这也不得不让我觉得尊重踏实这件事真的非常重要，大家会尊重踏实的人，完全是因为他们是真正有实力的人。

　　每件作品的完成，都是无数次失败的累积，所以学会尊重每一次失败给予的经验，才能得到成功。

尊重者的永恒信念

　　每件作品的完成，都是无数次失败的累积，所以学会尊重每一次失败给予的经验，才能得到成功。

如明月之无瑕

总是做到差不多程度的人，就不会受到尊重。

每次跟日本朋友约一起喝下午茶，我总是既高兴又紧张。因为我知道，她们虽然总是悠闲地翩然而至，但是，在家里不知道花费多少时间打扮自己，反复思索过有趣的话题，甚至连附近的咖啡馆都调查过了。

她们是耐得住上下打量，绝对不会令人厌烦的。

怎么会厌烦呢？她们熟知完美女性的标准，粉底的效果必定是透明而立体的，让人怎么看都赏心悦目。指甲绝对不会重复与上次相同的颜色，装饰品也不是平常地摊上常见的样式，总是有型有款，说不定还是自己动手做的。即使这些点缀是美的，她们也不会卖弄似的挂上一大堆，只会偶尔适度地戴一件，让人眼睛一亮。

为什么要说这么多呢？因为作为她们朋友的我，从这里感觉出被尊重的快乐。

试想如果她们是穿着睡衣就跑出来，嗯，往好处想，可能我们的友情很亲密，可是，我直觉地会担心，她是不是遭到了什么打击，连把自己好好打扮一下再出门都提不起劲来。

而她们当然是非常尊重自己的。因为她们非常有自知之明，她们是端庄美丽的日本淑女。

而为什么我知道这么多日本女生在房间里准备的小秘密呢？

因为有一次，由美子说，她出门的时候来不及，所以，没有重新涂指甲油。她想，我应该不会介意，所以……

难道，她每次都重新涂指甲油？我看看我手上总是涂一次，就让它自己慢慢掉光光才重新涂的指甲油，不禁有点……对啦，由美子，没关系，我不会介意的。但是，我下次一定会注意我的指甲。

当然，我不想要让我的脱落得有点难看的指甲油颜色，像约翰·施特劳斯名曲《蓝色多瑙河》第一次在美国盛大演出时，出差错的那位演奏者的那个错音。

天哪，一个伟大的音乐会，出现一个放炮的声音，那不就变成低俗的笑闹剧了吗？是的，淑女也是最不堪出现丝袜破洞，指甲油剥落，或是有头皮屑的。因为完美是一种尊重呀。

可是，有些事情好像没有像淑女的打扮或是音乐会那么明显，是不是就可以"差不多"就好了？

当然可以，"差不多"先生（或小姐）。但是，总是做到差不多程度的人，就不会受到尊重。

元朝初年有一个叫作许衡的人，以品德高尚出名。

其实，他的故事没有什么了不起，谁不知道不属于自己的东西，一芥不取的道理？可是，可以明天再遵守，或是有时候遵守，也算是品德高尚呀。可是，许衡可不是这样。他的品德完美到所有的时候都维持一样的标准。

在大热天逃难，所有的人都口干舌燥到快要昏头，见到路边的梨树，正巧梨刚熟，又大又甜，吃了正好解渴，大家都争先恐后地采食，只有许衡一动也不动，端坐在树下看书，像是不知道有梨似的。因为他坚持，这梨不是他家的，不能随便摘别人的东西。那就更不消说，仰慕他学问的客人送的礼物，他更不可能收了。

因为许衡知道，坚持维护自己的德行比这些物质的东西更重要。也因此，他得到了世人无比的尊崇。

如果像许衡这样，只是独善其身，都可以得到尊重，那么，坚持对大众有益的事情，非做到完美不可，当然更值得推崇敬重。

若是想想计算机公司总是为了要抢先推出新产品，大赚一笔的目的，却老是让使用者对频频出现的当机状况摇头叹息，甚至工作停顿，身心疲惫；相较之下，植物学家费斯特不求闻达，只求研究尽善尽美的态度，多么珍贵。

费斯特为了使美国的麦子产量大增，不断地研究改良出新的品种。我想，单单用这个想法，随便拿什么种子出去卖，都可以大赚一笔。因为我想到许多人听信广告，就随便花钱去买那些购物频道的产品了。

可是，如果费斯特也是这样，那有什么稀奇！稀奇的是，他以最初种植的五万株麦子交配淘汰，经过长达五年的研究之后，仅留下四株最优良的。

因为经过长时间的研究，所以可以确认留下的都是最好的。农民们当然都愿意用高价收买，而费斯特也为此得到了丰厚的回报。

可是，你或许会反驳，如果同时有人跟他一起研究，那么，他绝对不会气定神闲地把研究做那么久。

没错，也许真有耐不住性子，把还没有非常确定的种子卖出去的人，可是，如果麦子的水准不够稳定，农民们最后还是愿意买费斯特的产品，甚至更愿意付高价钱。

因为完美无可取代，所以能够得到永恒的尊重。

尊重者的永恒信念

因为完美无可取代，所以能够得到永恒的尊重。

路遥知马力

真正值得尊重的是学问而不是学历。

可惜世人的眼睛总是被外表所迷惑，常常分不清楚究竟什么才是值得尊重的。

同学中有人硕士学位念了几年之后，因为觉得跟自己原来读书的方式不合，研究所的学习方式妨碍他追求学问的趣味，所以，放弃优异的成绩及手到擒来的学位，休学用自己的方法学习。他找到了适合他学习的工作，一直保持他对于学问的热情，因此，工作上一直都有很好的表现。

也有出国拿到名校热门科系学位的朋友，因为在校时所有的功课，都是男朋友帮忙做的，所以，即使她的在校成绩名列前茅，还没有毕业就已经有许多著名的跨国企业高薪礼聘她，可是，她根本不敢去这些公司上班。

虽然她最后嫁给了这个很会帮她做功课的男友，但是，她还是很怕自己一个人上班时，没有人罩她，她的"西洋景"会被拆穿。所以她很勉强地找了一个和她的学历不相称的职务，并且在工作上表现平平，她不说，根本没人知道她显赫的学历。

20世纪最伟大的科学家爱因斯坦曾对普林斯顿大学的学生说："一个人在大学毕业前，必须站在天平上称称看，是不是一个真正有学识和思想的人，非戴方顶帽不可！"在这个大学文凭越来越好拿的时代，的确更显出真正的学问才值得尊重，而不是学历。因为学问并不一定等于财富。

天哪，你如果要说"知识经济"的话，那么爱因斯坦的知识，还真是没有为他创造什么经济价值呢。他常常把支票夹在书中做记号，久而久之就忘了，最后连书也不见了。当他到美国普林斯顿大学时，他只要求很少的薪水，基本上也不要研究经费，因为他只要有纸笔和书桌就行了。

可是，谁能够忽视在他脑袋中思考的那些重要的物理问题呢？因为一个爱因斯坦，已经抵过许多拿高额研究经费的研究人员。就像晋平公虽然养士三千，但是他仅仅是为了博得好士礼贤之名，并无用贤之实，所以，他还是常常感叹："究竟要怎么样才能得到贤士？"

有一次晋平公坐船的时候，船夫听到他的叹息，就跟他说："所有没有长脚的宝剑、珍珠、美玉，都到您手上来了。如果您是真心喜爱贤士，那么他们一定会很快地到您身边来。"

"什么？我门下三千贤士，我总是让他们不愁吃穿，这样还能说我不喜爱贤士吗？"晋平公不解地说。

"所谓大鹏鸟飞得高，所依赖的，不过是翅膀上的那几根粗壮的羽毛，至于它肚皮下的那些绒毛，对它飞得高，实在是无关紧要的。请问，目前您门下的那些贤士，有哪些是翅膀上的粗壮羽毛，有哪些又是肚皮下的绒毛呢？"船夫说。

晋平公听了船夫这番比喻，才知道原来他平时所在意的，都不是真正有价值的问题。

可惜世人的眼睛总是被外表所迷惑，常常分不清楚究竟什么才是值得尊重的。

有一次，著名的昆虫学家法布尔在马路上走着走着，竟又不知不觉地趴在地上研究起有趣的苍蝇来了。警察看他形迹可疑，便走过来说："你犯了法，跟我来。"法布尔头也不抬地说："我在研究昆虫，并没有犯法呀。"警察一脸狐疑，望了望法布尔和地上的苍蝇，摇摇头说："大热天在太阳底下看苍蝇，岂有此理!"后来，警察因为无意间看到法布尔外套上的荣誉勋章，才知道他真的是有名的昆虫学家，马上悄悄地离开。

13世纪意大利的伟大诗人但丁，有一次刚好穿着随意的旅行衣服，到那不勒斯宫廷做客。

因为但丁穿得很不体面，所以他一进门，就被分派到最后面的位置。他没有多说什么，默默地吃完就不别而去。

后来那不勒斯王知道但丁已经走了，于是又重新设宴款待但丁。但丁这次穿上最讲究的衣服，但是，在席间他非常粗鲁地一直用衣袖擦嘴，还故意把菜汤撒在衣服上，令周围的主人和宾客看了非常不解。

但丁这才说："陛下，我这不是在糟蹋我的新衣，而是因为我先前穿了破衣前来，被人瞧不起，现在穿了华丽的衣服，受到客气的款待，可见受重视的不是我这个人，而是这件衣服，因此我应该给它尝尝陛下所赐美酒佳肴的滋味。"

那么，真正有价值的到底是什么呢? 从这些故事当中，我只能归纳出一点，就是大多数人所认为需要尊重的，往往都不是真正有价值的。

因为大部分的人拿简单的评量标准，比方说数字、人数、金钱等数量，却不尊重品质，所以当然得到的都是经不起考验，没有真正价值的东西。所以尊重真正的实力，才能够得到真正有价值的东西。

尊重者的永恒信念

大部分的人拿简单的评量标准，比方说数字、人数、金钱等数量，却不尊重品质，所以当然得到的都是经不起考验，没有真正价值的东西。

像海一样无私地奉献

> 有目的的奉献是非常丢脸的事情。

曾经有个亲戚，每次不管做什么好事，都想尽办法要刊登在报纸上，大家想不知道都不行。

小时候常听长辈说："他都是为了要出名，才做好事。而且，做了一点什么事，就要千方百计找记者来报道，并且要求接受的单位给他感谢状之类的呢……"

因为小时候听到长辈们这样耳语，所以一直认为这种有目的的奉献是非常丢脸的事情，甚至是在媒体上丢脸。

当然，就算是有私心的奉献，也总比没有还好啰。可是，对接受者来说，这个交换的代价，有时候可能比当初贡献者所付出的还要多许多呢。这绝对是可怕的"木马屠城"的现代版，不但不值得尊重，而且还要小心地拒绝呢。最近我在博物馆看到学生义工一副来混时间、混服务证明的态度，就忍不住生气起来。因为他们抢占了热心服务的人的机会，甚至破坏了原本社会上的义工辛苦建立起来的热心服务形象。

而且我担心这些不想服务的学生义工，只想到获得，没有想到当真正发生意外，不但需要他们付出，而且需要付出的是他们最珍贵的生命时，还会不会有这些争先恐后的学生义工存在呢？

当家世优渥、学问及社会地位都极高的史怀哲决心要到非洲行医时，他的目的并不在得到诺贝尔奖，也不在非洲人对他的感谢，而是他心中认为的"凡要救人生命的必丧失生命"的想法。

如果不是因为这样无私的精神，可能只是担心自己都担心不完，怎么还有可能到那么远又偏僻的地方，帮助一群陌生而不友善的人呢？

英国记者及探险家斯坦利，严格遵照报社编辑小贝内特委任他的工作："不惜代价要找到李文斯顿。我们美国人不知道什么叫作失败。如果他死了，我们也要找到他的尸骨。我们要为人们提供震撼力的新闻……""我要做的一切就是集中精力，让自己的思想摆脱掉一切尘世的欲念，而只是要去找我受命寻找的那个人。如果只考虑自己、朋友、银行户口、人寿保险，或者其他物质利益，而不去想此行唯一的目的，到达李文斯顿可能停留的地方，那就会削弱我的决心。专心致志地执行我的任务，有助于忘掉已经抛在脑后的一切，也不去想将来可能发生的一切。"

结果他发现了世人未知的刚果，在 999 天里，他在与土著的 32 次战斗中经受了多么大的磨难，这一切都是史无前例的。

这一切都向我们表明，只要抱定无私奉献的精神，任何障碍都是可以克服的。

尊重者的永恒信念

只要抱定无私奉献的精神，任何障碍都是可以克服的。

学习水牛的尽本分

曾经有一位能干的秘书，有一天细心地发现经理做了一个错误的决定。她被要求在短短的十分钟内就要把文件发出去，可是，经理正在开重要的会议，又不能进去打扰。

于是，她认为以她的判断和经理对她的信任程度，她应该可以为了公司的利益，先将这份文件修改一下再发出去，让这件事情得到圆满的解决。

可是，正当这位秘书喜滋滋地等着经理给她嘉奖的时候，只见经理气冲冲地问她："究竟是谁擅自修改了我的文件？"

秘书超越自己的职责，做了经理应该做的事情，她最后因"工作有重大失误"，被革职了。

试想，这件事情虽然最后得到的结果不坏，但是，却为公司的工作模式建立了非常不好的示范。

如果秘书总是超越自己的职权做事，那么，有一天做了错误的决定，又该由谁来承担这个后果呢？帮助勾践复国的大夫范蠡，虽然为国家立下大功劳，可是，他不但一点也不邀功，还舍弃荣华富贵，自行引退，他甚至建议他的同僚也跟他一样。

他在信上写着："狡兔死，走狗烹……"

果然，那些继续享受"应得"的荣华富贵的功臣，后来都没有好下场。

朱元璋革命成功，得力于"金主"沈万三甚多。

明朝建都金陵之初，国库窘迫，有一次朱元璋想要犒赏军队，但银子不足，沈万三就提出由他代出犒银。

朱元璋说："匹夫怎能犒赏天子的军队呢？"回绝了他的好意。

后来，沈万三被以一个莫须有的罪名，流放到云南，死于途中，家财则被抄没入官。

所以有时候坚守本分，看起来好像自私自利，可是事实上不但是尊重别人，同时也是保全自己的方法。

尊重者的永恒信念

　　所以有时候坚守本分，看起来好像自私自利，可是事实上不但是尊重别人，同时也是保全自己的方法。

别因不劳而获付出更大的代价

爱因斯坦说过：有时候不劳而获的东西，反而要你付出更大的代价。

有一个小气的富翁，他的子女见他为人吝啬又刻薄，都纷纷离家，不想理他。

可是，他年纪渐渐大了，需要有人照顾他，于是，他想到了一个万无一失的方法。富翁的远房亲戚当中，有一个无所事事的青年。这个年轻人没有什么本事，可是成天却总是想着赚大钱的方法。

富翁看准了这小伙子好骗，就告诉他："我的子女都不孝顺我，所以，我也不准备把财产留给他们了。我看你这孩子很投缘，如果我们还有点父子的缘分，我想，说不定就把我的财产留给你呢。"

就这样，这个天真的小伙子就在这个吊在他眼前几尺，看得到、吃不到的红萝卜前，拼命地跑，不管富翁差遣他做什么事情，他都照办。可是，等到富翁死了之后，他才知道，这个小气的富翁，早就把自己的财产全部都抵押给了银行。

这个小伙子遇到这样的事情，也无处投诉。谁叫他要贪这种便宜呢？他若是把这件事情说出来，只会让大家更鄙视他、嘲笑他罢了，所以，他也只好默默地忍受了所有的委屈。

就像科学家爱因斯坦说的："有时候不劳而获的东西，反而要你付出更大的代价。"

没办法，反正这个小伙子照顾长辈，也算是发挥了"老吾老以及人之老"的精神，说是本分也就罢了，就算他说他吃亏，也没有人会理他。

意大利曾经有一个画家普莱东扎尼，有一天早上翻开报纸，突然发现有自己的讣文。他吓了一大跳，赶紧到报社去找他的记者朋友理论。这位乌龙的记者朋友，因为把讣文的名字弄错了，以为是这位画家，也没有再确认，就闹出了这个丑闻。

记者担心报社的信誉会因为这件乌龙的事情而受损，所以就建议普莱东扎尼说："老兄，你别生气。我这可是给你名利双收的机会呢。"

乌龙记者接着解释道："大画家你居然没想到，

画家的名气和画价不都是从过世之后开始飙涨的吗？如果借着这次机会，办个遗作展，马上就可以让你赚大钱。而且……"

记者在普莱东扎尼的耳边低语说："为了对这件乌龙事件道歉，你放心，遗作展的新闻，我绝对会帮你写得非常精彩的。"普莱东扎尼果然在遗作展时卖掉了他所有的画，赚了许多钱。

可是，在这之后，他就迅速被遗忘，甚至他再也不能跟别人提到他真实的名字，更不能出现在朋友面前，因为大家都知道他已经过世了嘛。唉，可怜的普莱东扎尼，可是他现在要后悔也来不及了，谁叫他要贪这种小便宜呢？

富兰克林有一次也很冲动地差点相信了市长的支持，就要发行他的新书。富兰克林的父亲提醒他："这么轻易就愿意给你这毛头小子这么大经费支持的人，显然如果不是做事有欠考虑，就是个信口开河的人，你千万要小心。"果然，市长根本忘了他曾经说过的话，让富兰克林蒙受了不小的损失。

有时候，要认清自己的本分，放下贪得的冲动，的确是非常困难的事情。但是，就是因为这样，所以，这样的品德才更令人尊重。

尊重者的永恒信念

　　要认清自己的本分，放下贪得的冲动，这样的品德才更令人尊重。

追求宇宙永恒的价值

　　被尊称为至圣先师的孔子，最厌恶精神受到物质的束缚。

　　古代的人日出而作，日入而息，一到晚上休息的时间，睡不着的人便看着天上的星星，想象渺小的人类在浩瀚无穷的宇宙时空当中，究竟有什么价值。

　　他们一定觉得现在的人总是把目光集中在名利、金钱、地位、虚荣上，是非常没有价值的事情。被尊称为至圣先师的孔子，最厌恶精神受到物质的束缚。他也是中国历史上第一个这么重视学习，把古人的经验整理给后人，引以为未来世界准则的人。孔子认为，只要能够读书，就算住得破烂，吃得很少，也没有关系。

　　据说受过他教导的学生有 3000 人之多，但是，比较有名的，也不过才 72 个人。如果换算成考试的录取率，还不到3％，如果他是现在的初中老师，可能会被派去教放牛班。

若不是其中一些学生上他的课时还蛮认真地做笔记，把老师说的话都记下来，我们后来的人也不会知道曾经有过这样一个人存在。

但是这个在他的一生当中并不得意的孔子，在建立中国的儒家传统、树立教育典范、建立人伦礼教上，却具有非常崇高的历史地位。

为什么他可以这么伟大？

因为他为所有东方的人，从古到今，留下了人与人相处的基本尊重之道，这些基本的道理对现在的人来说，还是非常受用。

"来吧，我的灵魂说道，为我的肉体我们写下诗篇（因为我们实为一体），让我死后，隐形回到人间。或者，长久长久以后，在别的地方，问那儿的一群伙伴，重又唱起这些颂歌（应和着大地的泥土、树林、风、汹涌的浪涛），永远带着欢心的微笑我重又唱起，永远永远认领这些诗篇，就如开始的此时此地，为灵魂和肉体代笔，我把名字签上。"

对于惠特曼而言，这是他的作品《草叶集》上的献词，但却足以代表惠特曼诗作中的精神象征——

不朽。希望肉体灵魂能和空间时间结合成为一体；对于死亡而言，仅是肉体美的最高潮，人将走进历史的洪流中，而跟星辰的运行与草叶的成长同步。

华特·惠特曼（Walt Whitman）于 1819 年出生于纽约长岛，27 岁时始自费发行《草叶集》第一版，其诗作内涵有着强劲的风格及真实的感情，利用独特的自由语法，开创自由诗的新希望。

又因诗作中充满着民主自由的人道主义精神以及各种死亡与灵魂的意象，更使美国人称惠特曼为"民主的游唱诗人"。

这些关于死亡与灵魂意象的诗作，运用一连串的残酷、含泪、棺柩等黑暗的字眼，进而得到了对于人生的一种净化意念。而"草叶"亦是一种对于生命的永恒世界观。草叶是永生的象征，人不因为死亡而断绝，乃是源于肉体的回归自然，而继续荣华未来生命此种往复循环的世界观。

如同诗作《自我之歌》中写道："我将自己遗赠给泥土，好从我喜爱的草中成长，假如你还需要我，请在你的靴底下寻找。"

惠特曼于 1865 年写下了《当去年的紫丁香在庭前绽放》及《喔，船长！我的船长》两首悼念林肯的名诗。

其诗作内容深刻、意象饱满，对于死亡及不朽反复思考，带给人们自悲哀到信念上的安慰。活着的人以无尽的哀思及装饰的筵席向逝者致敬。

因此自 19 世纪以来，英国作曲家及近代的美国作曲家，无不被惠特曼的诗作中那不可思议的内涵及魔力而吸引，纷纷以他的诗作来谱曲。

这些受到惠特曼影响的音乐家心灵灌注后的音乐，更加使我们一一掉落在惠特曼诗歌中的情感世界里。跟随着灵魂乐章与死亡的轻柔脚步，滑进诗作中的奇险世界及永恒颂歌，飘扬起伏的波涛、平静的草原与薄暮的海湾，喧嚣的码头与永恒的灵魂。

因为永恒的价值才能得到灵魂的永久尊重，这是不管时空文化如何改变，都是不会消失的。

这样想来，就不会让人汲汲营营在小小的名利之间，无法自拔了。

尊重者的永恒信念

　　因为永恒的价值才能得到灵魂的永久尊重，这是不管时空文化如何改变，都是不会消失的。

CHAPTER 4
给自己一个值得尊重的
生命与自我

尊重生命无价

尊重生命的无价，才能让自己的心更加柔软与平和。

好友理子最近辞掉工作，准备回日本好好休息一阵子。

从她向朋友们发出的 E-mail 中，我早就已经知道这件事了，甚至还叮咛着自己不要忘了，最后跟她小聚一下。

可是，在临她上飞机不到 24 小时，居然接到她的一通求救的电话："你要不要养兔子？"

虽然理子看起来像个冷静的日本漂亮淑女，其实内心跟台湾的小女孩没什么两样。

她刚来台湾时，跟着朋友逛夜市，就被夜市卖的"迷你兔"所吸引，很冲动地养了"小小"。

理子接着说："我找不到人帮我养兔子，本来想要把它放到大安森林公园。"

我抬头看看此刻不佳的天色，我无法想象一只可怜的小白兔（因为我的理智：房间太小，又已经有一只狗，目前正在赶稿子……）会被鳄鱼吃掉，或是碰到雨水死掉，所以，我没等理子说完，就虚弱地答应帮她代养兔子。

这对向来不以心地善良为人所知，甚至为自己所知的我来说，实在是一项创举。

谁没学过达尔文的"物竞天择"？让兔子回归大自然，自生自灭也没什么不对呀。

我呀，的确越长大，就越忘记迪士尼和伊索寓言里那些可爱的动物，像我们一样会高兴、难过、害怕，也会相亲相爱了。

但是，自从一年多前开始养狗之后，我的想法有了一百八十度的大转变。因为我真地看见小狗"球球"就像小孩子一样，会撒娇、赖皮、忌妒、爱玩、无法忍受分离，它是活生生的，就跟人一样。于是，我开始看到可怜的动物新闻会难过，因为我看见它们脸上有跟"球球"一样的可爱表情。佛教徒吃素，来自于对动物的爱心，因为佛教故事中，曾有一个感人的故事。

有一个印度国王看见鸽子受伤即将丧命，于是，他愿意以自己身上同等重量的肉来换取鸽子的生命。

可是，当国王痛苦地割下身上的肉，一块、两块……居然天平还是倒向鸽子那一端，最后，他整个人坐到天平的另一端，才刚好与鸽子的重量相等。

这当然是不可能的事情。鸽子怎么也不会有一个人那么重。可是，这个故事的结局，就是一命才能换一命，不论尊卑。

鸽子的生命可没有比人当中最高贵的更轻，更不值得，都是一样重的。

是的，我说服自己，不能放弃兔子，只因为我的自私。

更不能对"球球"和兔子偏心，因为它们的生命一样珍贵。

结果，当理子的兔子"小小"从宠物运输笼里面跳出来时，我才发现，"小小"果然跟"球球"一样"珍贵"，因为它是一只比狗还大的兔子！可是，看来我已经来不及后悔了。

本来以为我那善妒的"球球"会排斥"小小"，结果，我完全想错了。

　　因为"球球"根本不当它是一只动物，而把它当玩具，会动的玩具，还兴高采烈地抢它的食物吃。

　　尊重生命的无价，才能让自己的心更加柔软与平和。

尊重者的永恒信念

　　尊重生命的无价，才能让自己的心更加柔软与平和。

突变是生命的希望——尊重差异

所有人认为的这些"尊重"，基本上都是"尊重"内涵的一部分。

从小，我和妹妹就是家里吃饭最慢，拼命看电视，让妈妈又急又气的小孩。身为家里最小的两个小孩，在吃饭的时候被大人纠正一大堆坏毛病，也听得很习惯，因为都当成耳边风吹过去，完全不在意。

可是，妹妹当了几年的幼儿园老师，管多了小朋友的秩序之后，在饭桌上居然开始纠正起所有人的吃饭"秩序"了。她自己可能还浑然不觉，可是，我觉得这实在是太好玩了。

相对于她在吃饭时间的紧张，总是要眼睛盯着所有的小孩子手上的动作，我可完全不一样。

吃饭时间对我来说是最舒服的休息时间。

在紧张的写作之余，享受在厨房料理一个早上的成果，或是与三两好友边吃着大餐，边说笑话，对我来说，吃饭是最自由的事。

一旦被妹妹纠正起我吃饭的样子，我反而觉得难以理解，怎么她不知道吃饭是一件这么自由快乐的事呀？

当惯自由工作者的我，早就习惯了与别人之间的不同，更早就听多了所有的人对我的种种"纠正"的劝告。

刚开始还会反省："我真的那么不正常吗？"

后来渐渐体会到自己工作的特质，找到自己生活的调子之后，就不再在意这些关心的话。

因为，我就是跟他们以为的不一样嘛。

而且我并没有因为这样而对别人造成妨碍，我和许多另类的朋友，还更能够尊重彼此的不同。

以前上生物课时，学到"突变"这个名词时，我们都会顽皮地拿来开玩笑骂人。

可是，就是因为"突变"，所以，生物得以在环境改变的时候，还有一些不同的特质可以适应，不至于完全灭绝。

甚至，即使没有经过突变，在生命的制造过程中，卵细胞也会选择遗传特质与本身最不相同的精子，让新生代的染色体组合更丰富。

显然，"差异"比"同质"重要多了。

尊重者的永恒信念

所有人认为的这些"尊重"，基本上都是"尊重"内涵的一部分。

尊重自己，世界才会开始尊敬你

所有人的一点小小才能，都是非常需要尊重的。

照照镜子，你能不能够由衷地对镜子里的自己说："你是独一无二的！"

有人一定要笑话这有点像《白雪公主》故事里狠心的后母了。可是，不一样哦，这不是让魔镜说，而是自己对自己的尊重与自信。

我想，如果狠心的皇后能够对自己有信心，就不会认为白雪公主威胁到她，而非要赶尽杀绝不可了。

可是，换句话说，这个照镜子的过程，也就代表了一种自我肯定的练习。

你，我，当然是这世间独一无二的存在，即使还没有做出什么足以证明的事情之前，这样的真理也不容怀疑。

中国式的理论会说："天生我材必有用。"

但是，这有点并不确定，甚至有些嘲弄的意味：总有一天他会显现出一点用处给大家看看。

就像"鸡鸣狗盗"这个成语的典故一样。

孟尝君以养士三千出名，没想到主人有难时，这么多平日号称有许多才能的人里面，只有会学鸡鸣声，还有一点小偷技巧的两个人，能够发挥所长，化解危机。

怎么说，"鸡鸣狗盗"之徒，终究还是有难登大雅之堂的遗憾。就不如国外伟人的故事那样，令人真正相信：所有人的一点小小才能，都是非常需要尊重的。

如法国著名作家大仲马，在成名之前，穷困潦倒，最后不得不拜托他父亲的朋友帮忙找工作。

可是，不管这位伯父问他什么，他完全都不行。什么数学、物理、历史、会计、法律等，当时一般求职需要的本事，他没有一样在行。

没办法，这位伯父仍然还是觉得需要帮他想个办法，于是让大仲马留下他的联络方式，有机会再通知他。

不知道是不是为了要让大仲马不至于那么失

望，或是真的，当这位伯父看到大仲马的手写字时，还称赞他说："你究竟还有一个长处，你的字写得很好呀！"

但是，显然英国著名剧作家莎士比亚和德国诗人海涅对自己更有自信。因为他们并不是对自己的优点有自信，而是来自于无法改变的缺点。

莎士比亚是16世纪英国最著名的诗人、剧作家。对他来说最重要的遗物，竟是一个腐朽的枪托。

莎士比亚少年时代，一次和当地几个无赖，到查理各脱的庐雪家花园里偷打小鹿，结果，莎士比亚被当成小偷捉住，押到园丁房，关了一夜后，送到主人那儿被羞辱了一番。他不服气，就写了一首粗俗的讽刺诗，贴在花园的大门上。

主人一气之下找了律师要控告他，莎士比亚感到自己寡不敌众，就逃到伦敦一家剧院跑龙套。

后来他那写讽刺诗的才华被人们赏识，英国人开始认识他，这竟是他成为历史上不朽剧作家的开端。

德国诗人海涅从小喜欢写诗，没想到竟被无法赏识他的富翁伯父骂他没有出息。于是，他故意当着伯父的面对人说："我母亲怀孕时阅读文艺作品，所以我便要成为诗人，伯父的母亲阅读强盗小说，所以我伯父便做了银行家。"

　　为了这句话，伯父将寄养在他家的海涅赶了出去。但海涅并不发愁，因为他从这件事中发现自己的确有讽刺的才能，所以他就朝这个方向努力，果然成为伟大的讽刺诗人。

　　没错，自己的某些特点，别人有时候实在是难以欣赏，可是，一旦自己发现自己的特色和价值，并且尊重它，加以发扬光大，那的确会成为非常大的成就。

尊重者的永恒信念

　　记住每一个人在这世上都是独一无二的，尊重自我的差异性，才能开发出更大的潜能。

尊重生命的每一刻——活在当下

为什么快乐要远求？那是因为人们往往不注意当下的点点滴滴，没有看到眼前的快乐。

所有的烦恼，都源于当下的一切痴心妄想。

有一天，卖牛奶的女孩顶着一桶新鲜的牛奶，开心地准备上市场去，希望能将牛奶卖个好价钱。

天气这么好，她的心情也跟着雀跃起来。

而更令她脸上有着挂不完的笑意的，是她心里在想的事情。

她想，卖牛奶的钱，可以拿去买鸡蛋，鸡蛋会孵出小鸡，小鸡长大以后，公鸡可以卖，母鸡可以生蛋……这样一来她就要成为大富婆，可以买许多漂亮的衣服，把茅草屋卖掉，买一幢大房子住，像个公主一般。

就在她出神地幻想之际，一个冒失鬼撞到了她，撞翻了她的一桶新鲜的牛奶，也把她从美梦中撞醒。

快乐何必远求？当我开始对眼前的一切感恩祈祷时，我才发现自己原来是如此的富足。未来还不可知，可能性那么多，与其花时间担心、想象，不如感受当下，活在当下。

为什么快乐要远求？那是因为人们往往不注意当下的点点滴滴，没有看到眼前的快乐。

就像有一个年轻人的故事，他为了寻找菩萨，离开家乡的父母，千里迢迢、翻山越岭，前去四川。

他在路上遇到一位禅师。

禅师告诉他："找菩萨？不如求佛！"

年轻人听到似乎求佛更好，于是急着问："那么，你知道哪里可以求得到佛吗？"

他心想，这恐怕比求菩萨更困难。

禅师说："你回到家里，看到那个身上披着毯子，脚上随便套个鞋子，就赶来迎接你的那个人，就是佛。"

结果，你猜到了吗？这个匆匆出来迎接年轻人的，就是他的母亲。

母亲当然好过菩萨，甚至可比佛祖。年轻人当下悟到了禅师所说的话。

我曾经在写《回家》这本书时，反复地阅读梅特林克写的著名故事《青鸟》。

善良的兄妹为了替生病的小女孩找到青鸟，经历了许多艰辛的过程，后来，才发现原来家里那只看起来灰灰的小鸟，竟是真正的青鸟。

"为什么以前没有发现呢？"

这个人们常常在回忆时惊觉，所说出的懊恼的话，是不是你也曾经有过？

是的，尊重当下的一切，静静地体会，那亘古最美好的一刻，就是现在。

所有的烦恼，不就是源于不在当下的一切痴心妄想吗？

我通常都是在停止对未来的想象和担忧之后，才能乖乖地、顺利地展开写作的工作的。一如现在。

尊重者的永恒信念

尊重当下的一切，静静地体会，那亘古最美好的一刻，就是现在。

尊重累积幸福的阶梯——饮水思源

当我们饮水思源时，便会感受到，自己的幸福，确实是建立在某些人的牺牲之上，所以更应该尊重这些受苦的人，给予他们爱与关怀。

一天晚上，接到一位祖母级朋友的电话，要帮她的孙女儿问我作业怎么写。因为被哥哥的女儿们崇拜惯了，所以，为了要维持我的"偶像实力"于不坠，当然什么作业都要应付得来。

在嘈杂的晚宴应酬中，接到电话的我，想也没想就说："没问题。"

通常我都是因为这样，要硬着头皮去做一些我根本没能力做的事。而我总是不吸取教训，每次都还是对方高兴，我也高兴地，一声好字，就答应下来了。

反正只是小学生的作业，不是吗？

小女孩害羞的声音从电话那头传来，她说："老师要我们写一篇饮水思源的文章，100 个字以内。"

对于这个老问题，我的脑袋里面已经有现成的答案，我像电子字典一样，马上说出答案来了。

"比方说我们每天吃的饭，你可以想，它是从哪里来的。是妈妈从菜市场买回来的，菜市场的米又是从农会来的，而批发商又是跟农夫买的。原来，我们每天吃的米饭，是由农夫辛苦耕种得来的。而且为了让我们能方便地吃到米，还有许多人的帮忙呢。"

可是，不只有这个例子，穿的衣服，用的水电、瓦斯，看的书、电视节目、电影等，好像理所当然地出现在生活中的一切事物，都是许多人辛苦努力的成果。

像我，现在不就正在努力写书吗？可是，看书人一定没有想过，一本书是怎么诞生的吧。顺利的话，就是从企划、写作、交稿、校对、美编、印刷、发行、宣传、铺货……最后出现在书店，让喜欢的读者买回家。

可是如果不顺利的话，比方作者会生病，心情不好，没有灵感，对自己写的东西不满意；编辑也会怀孕，身体不舒服，背负业绩压力，碰到不可理喻的作者，拖延进度的美编，等等。大部分的时候，就连一本书的诞生，都是需要突破万难的事。

最近根据香港真人真事改编的电影《地久天长》，描述一位血友病人艰辛的成长历程，及他的母亲无怨无悔照顾他的经过。

大部分人所了解的血友病，是一种血液中的凝血因子缺损的疾病，是一种基因遗传疾病。

可是，根据专家的统计发现，经过长期的宣导之后，即使渐渐去除了因为遗传所产生的血友病新生儿的比例，但是，血友病并没有减少，始终维持一定的人口比例。

原来，还有为数不少的血友病，并非遗传产生，而是由于不明原因的基因突变所引起。

所以，在我们生活的四周，血友病像是上帝随机取样的代罪羔羊，可以说一旦有一些孩子患有这个病，那么其他小孩就可以幸免。

乍看这是不幸，可以说是这名婴儿替代其他孩子承受这种命运，因此，对这个孩子，我们应负有关怀的责任。所以，怎么能不对自己免于受到许多疾病缠身，而能够拥有健康的身体，向默默承受命运的痛苦的人们致敬呢？

可是，大部分的人不但不感谢这些人，甚至还讨厌这些受苦的人，想尽办法将他们排除在幸福的生活之外。

一个寒冷的日子，一些人把一个哆哆嗦嗦的老人带到法官拉瓜迪亚的面前，指控他偷了一个面包。

老人说，他的家人都在挨饿。

拉瓜迪亚说："我得惩罚你，法律容不得例外，不过我只判你罚款10元。"

接着，拉瓜迪亚从自己的口袋里拿出10元纸币，扔进他的阔边帽，接着说："这10元为你付罚金，现在你的罚款我就免了。不过，我要对本法庭的每个人罚50分钱，因为你们生活在这样的一个镇上，还有人为了吃饭不得不去偷面包。庭警先生，请你来收这些罚款，然后把这些钱都给这个被告。"

那个不敢相信眼前情景的老人眼睛闪烁着兴奋的光芒，拿着47.5元钱走出法庭。从这些故事当中，我开始知道，德蕾莎修女向上帝祷告，祈求她能够将恒河边那些贫病的人，视为耶稣为世人受苦的化身，并非虚妄的想象。

当我们饮水思源时，便会感受到，自己的幸福，确实是建立在某些人的牺牲之上，所以更应该尊重这些受苦的人，给予他们爱与关怀。

尊重者的永恒信念

　　平时我们并不习惯把事情看得那么深远，所以，忘记对许多事情怀抱感恩的心。

尊重是学习的开始——尊师重道

行千里路，读万卷书，布衣亦可傲王侯。

静静常常跟我提起她指导教授家的那只狗。

原来她的指导教授常常找不到人，而每次教授会打电话给她，都是因为她又要出国一阵子，需要有人帮她照顾狗。

"可是你不是常常说研究做不完吗，怎么还有时间去帮教授照顾狗呢？"我不解地问。

静静无奈地说："难道你不晓得吗？如果我没有把教授的爱犬照顾好，就算我研究做得再好，教授只要一摇头，我就没有办法毕业。"为什么这样还要"尊师"呢？我还真的写得有点手软了呢。

民国初期严格廉洁的陆军将领冯玉祥，就把读书学习看得非常重要。当他读书的时候，谁也不能去打扰他，所以，他就必须要"死了"。

原来，冯玉祥在书房前挂了一块木牌，当他专心读书时，就挂上"冯玉祥死了"的牌子。这个时候，不管有任何人找他，冯玉祥的侍卫都会说："将军死了。"

直到冯玉祥出了书房，换上"冯玉祥活了"的牌子，他才再度处理繁忙的公事。

因为学问值得尊重，所以，拥有学问的人，比拥有权势财富的人更加受人尊重。

当初国父孙中山先生只是一介平民百姓，完全没有关系背景，就想见全力支持光绪与康有为维新运动的湖广总督张之洞，实在是一件非常大胆的事情。

国父在名片上写着："学者孙文求见之洞兄。"

张之洞一看，觉得非常不屑，他在名片后面回写道："持三字帖，见一品官，儒生妄敢称兄弟。"

意思是：你这个不知道从哪里来，自称是读书人的名不见经传的家伙，居然随便拿张写你名字的纸片，就来说要见我，而且还不是尊称我的官职，跟我称兄道弟的，你想我会理你吗？

国父一点也不畏惧地回写道："行千里路，读万卷书，布衣亦可傲王侯。"他这番自豪于学问的态度，让张之洞也不得不破例见他。因为有学问的人的确是值得尊重的。为了尊重学问，还同时必须尊重拥有学问的人，也就是"尊师"了。

当提出"进化论"的达尔文成名之后，他还是经常在支持他学说的英国博物学家赫胥黎的动物学课上出现。

当赫胥黎讲基础生物学的时候，达尔文常从后面的陈列室走出来，坐下听课，一直听到他的同行老友讲完课。

所以，为了求取学问，而不惜在雪地里跪着求教（程门立雪），的确是对老师必要有的尊重。

尊重者的永恒信念

因为学问值得尊重，所以，拥有学问的人，比拥有权势财富的人更加受人尊重。

三人行必有我师——生命的宝藏无所不在

要学习一定要有固定的方式？那可不一定。

"你觉得我看起来像是很善解人意的人吗？"

妹妹跟朋友约在某个车站碰面，可是时间没有算准，早到太多，想到"总是在家，闲闲没事干"的我（其实才不是呢），打电话来跟我聊天打发时间。

后来妹妹跟我说，当她在车站无聊地等人的时候，坐在她旁边的妇人，居然开始跟她聊天，并且说起自己的故事，让她觉得受益匪浅。

很少遇到这种状况的妹妹，很惊讶为什么一个陌生人会跟她说这么多话，甚至是连她都不会对朋友说的内容。

本来要骂她浪费等人的时间，不会带本书看的我，因为她说的这件事情，突然让我想到从来不识字的慧能。

要学习一定要有固定的方式？那可不一定。

因为家贫而从小不识字的樵夫慧能，凭着自己对于生命的体验，竟成为五祖弘忍传法衣的对象。本来弘忍的徒弟们都很鄙视慧能，后来听了他讲道，都不得不佩服他高深的见地。谁说樵夫一定比每天在庙里面念经的和尚学得少呢？孔子不是说："三人行必有我师。"不管是什么对象，都是值得学习的呀。

英国诗人书商考特尔有次要给马卸下马具，可是卸不下马轭。

同行的作家华滋华斯和柯立芝也来帮忙，不过却差点把马的脖子扭到憋死，却还是没有办法把马轭卸下来。

他们还猜想说，马的头长大了，因为马的额骨这么大不可能穿过这么小的马轭。这时，年轻的女仆来了，她把马轭往下一翻，便脱下来了。

这件事令这几位饱读诗书的绅士顿时尴尬不已。

著名的《马可·波罗游记》是如何写出来的？

1298 年被软禁在监狱中的作家卢斯蒂开罗，遇见了被捉来当成俘虏的马可·波罗。

在所有的人都不相信马可·波罗的荒谬故事，把他当成疯子般嘲笑疏远的时候，他的描述却激起了文学作家丰富的想象，作家开始着手写《东方记忆》。

但是在他和后来喜欢这本书的许多作家的笔下，故事越来越丰富，成了《马可·波罗游记》。

偏偏，创作这本书的这一干人里面，除了马可·波罗曾经到过中国，其他的人根本没有到过东方一步，为什么还是能够描写东方的事物呢？甚至这部作品还成为目前我们了解元朝历史最公正的观点。

因为马可·波罗凭着自己的观察和经历，把他的回忆带给这些作家想象的空间。

所以，谁说非得要在哪里挖掘生命的宝藏呢！如果发挥尊重万事万物的慧眼，到处都有奇迹呢。

尊重者的永恒信念

　如果发挥尊重万事万物的慧眼，到处都有奇迹呢。

别做放羊的小孩——重视承诺

承诺是非常重要的，没有承诺，一切的信任便无从建立起。

许多被人家认为是"好好先生"或是"好好小姐"的人，要不是常常因为答应太多事情而一年到头拼命，濒临过劳死的边缘，就是常常被骂是"放羊的孩子"。

因为承诺是非常重要的，没有承诺，一切的信任便无从建立起。

可是，还是有很多人觉得："承诺？没那么严重吧！"比方说，父母很容易就为了自己的方便，跟孩子撒了一个谎："宝贝，乖乖在家，妈妈回来会帮你买玩具。"结果，因为实在说话不算话太多次了，连说话还说不清楚的小孩都会无法停止哭闹地说："妈妈骗人。"这下，骗人的妈妈为了要出门，心里焦急得不得了，又被小孩说自己说谎，少不得给孩子脸上一个大大的"铜锣烧"。

可是，曾子的时代可能没有玩具可以买。

所以他的太太跟孩子说："你乖乖在家，妈妈回来杀一头猪给你吃。"没想到，曾子的太太回家，竟然看到曾子杀猪，而孩子在旁边流口水。

当曾子的太太为了"浪费"一头猪心疼不已时，曾子说："不要以为他是孩子，就不守信用。这样以后他再也不会相信你了。"

哲学家苏格拉底在死前唯一的遗言是："记得帮我还邻居一只鸡。"

大将军韩信一直记得在他穷困的时候，赏他饭吃的老婆婆，当初他答应以后发达了要给她一千两的黄金。当时老婆婆还生气，认为韩信以为她是见利行义的人。没想到，韩信真的成功，也没有忘记要给老婆婆一千两黄金的事情。

可见伟大的人对于承诺是多么重视。

像齐襄王就非常不懂什么叫作承诺，明明跟属下说："好啦，我知道你们不爱守那个动乱的地方。那好，等到下次西瓜成熟的时节，就派你们回来。"结果，他不守信用，完全忘了这回事，最后被属下给杀死了。

　　也许现在不守承诺不至于被杀，但是，失去别人的信任其实跟被杀死是没有什么两样的痛苦。因为再也没有人愿意理会你了。

尊重者的永恒信念

　　承诺是非常重要的，没有承诺，一切的信任便无从建立起。

"勿以善小而不为，勿以恶小而为之"——重视细节

> 好的事情很小，只要不嫌麻烦去做，便会有好的结果。但是，小的坏事虽然微不足道，做了之后，就会引来很大的灾难，就像星星之火，可以燎原，非常可怕。

诸葛亮身为最有谋略的宰相，他给最不放心的无能皇帝的建议是最简单而重要的："勿以善小而不为，勿以恶小而为之。"

好的事情很小，只要不嫌麻烦去做，便会有好的结果。但是，小的坏事虽然微不足道，做了之后，就会引来很大的灾难，就像星星之火，可以燎原，非常可怕。

但是，刚开始看起来，不都是很小的事情吗？正因为事情很小，所以常常会被忽略，不被重视。

相对地，能够成就伟大事业的人，往往都不会放

过这些细节。威尔逊在出任美国总统之前，曾担任普林斯顿大学校长，他非常注重学校的声誉和纪律。

有一次，一位贵妇的儿子因为考试作弊被开除。

这位母亲向威尔逊请求，恢复儿子的学籍，不然她就完了。

结果威尔逊听完，只是冷冷地说："如果我必须在你的生命、我的生命或其他任何人的生命跟学校尊严之间做选择的话，那我会毫不犹豫地选择后者。"

对于威尔逊来说，他大可以接受贵妇的捐赠，给她的儿子一点机会，反正"有教无类"嘛。可是，他不愿意把名誉断送在小地方，更不愿意因为一件小事情，使得学校的纪律受到破坏，因为他知道小事情造成的影响也可以是很大的。

美国副总统奎尔，有一次到学校参观学生上课。

当他在黑板上看到老师写的马铃薯这个词时，为了和学生们打成一片，便问他们这个词的复数型是什么。

结果，他自己居然把这个简单的文法问题给搞错了。

这件事情经过媒体披露之后，从此奎尔的声望一落千丈。

这不是一件很小的事情吗？

可是，就是因为这是一件小事情，所以美国人民不能接受一个连这件小事情都会犯错的副总统。

老子说："天下难事，必作于易；天下大事，必作于细。"

不要以为容易的、细小的事情不会有什么大的影响，许多能够创造大财富的人，往往也很重视涓涓小钱的节省。比方说台塑企业的董事长王永庆，喝豆浆加蛋，是在他先喝了几口之后才加的，好让豆浆店加得更满。居家用完的肥皂集中在一起，又可用上一段时间。

台南帮的高清愿一张卫生纸撕成两半，早晚各用一次擦拭梳子，擦完了，再擦皮鞋。往昔，开山祖师——侯雨利，在创业阶段一条咸鱼吃好几天：首先用来煮稀饭，味道淡了再煮汤，最后吃肉。

另一位元老级人物——吴尊贤，化学纤维制成的卫生衣一穿就是十几年，反正不会破嘛。

高雄的光阳机车，高级经营者没有秘书、特助之类的编制，完全由办公室邻室的职员兼任。老板一大早巡视工厂，看到有人开电扇，还会指指点点："有这么热吗？"

丰田汽车母厂所在地的关西地带，关西商法的精髓就是"良贾深藏若虚"，也就是门面、排场刻意放低身段，甚至关门都要小心翼翼，免得弄坏修理要花钱。

看到这些明明很有钱的人的省钱方法，实在是太有创意了，连这种一般人都不会注意到的细节，全都考虑到了，无怪乎可以累积创造出这么惊人的财富呢。所以谁说细节不重要呢！

每一个细节的成立都有其重要性，如果能够学会尊重所有细微的事情，才能习得更多帮助自己的方法。

尊重者的永恒信念

每一个细节的成立都有其重要性，如果能够学会尊重所有细微的事情，才能习得更多帮助自己的方法。

CHAPTER 5
尊重让人生看到更广大的未来

以幽默化解面前的不尊重

> 晏婴对付看不起他的人，所用的方法是"以其人之道，还治其人之身"。

以下的故事，大概是本书最大快人心的一部分。

因为，遇到不尊重的状况，只要能够善于利用机智与幽默，就能够给对方一个最有力的反击。

不过，这里的"反击"指的当然不是冤冤相报的那一种，而是为了提醒对方：你刚才有多么的失礼。

况且，用的方法是幽默，那就是一定要让大家想要笑出来的那种，这样才不会反击之后，反目成仇。

中国历史上因为外表而遭受到不尊重的情况最多的宰相晏婴，对付看不起他的人，所用的方法其实只有一种，就是"以其人之道，还治其人之身"。

有一次，晏子出使楚国。

看起来矮小的晏子，受到楚王的歧视，要他从旁边的小门进城。可是，他说："到大国，进大门；到小国，进小门。"把尊重的态度当作彼此地位的映照，也就是说，不尊重我的你，一定是认为自己也不值得尊重。

楚王一见到他侏儒般的身材，就故意说："齐国没有人了吗？"

晏子知道楚王有意用他的身材，来羞辱自己的国家。但是，他丝毫没有因而动怒，反而不慌不忙地说："齐国的国都临淄城内，居住着成千上万户人家。人们张开衣袖就能把太阳光完全遮住，挥把汗水，就像天下起雨来，人来人往摩肩接踵，连步子都迈不开，怎么能说没有人呢？"

楚王趁机说："既然如此，为什么派你这样的人来充当使者？"

晏子见楚王已经落入他的圈套，就恭恭敬敬，慢条斯理地回答说："齐国派遣使者，根据出使国家而有所不同。德才兼备的人，便派往君王英明的国家；无才无德的人，就委派到君主无德的国家。我的德行最差，所以就被派到楚国来了。"

不过，就是因为晏婴每次对楚王的应对都太讽刺了，所以，楚王还不放过他，想尽办法要整他一次。

有一次，当晏婴在的时候，楚王的侍卫押进来一个犯人，楚王问他从哪里来。

这犯人原来是楚王故意找来的齐国人。

楚王不怀好意地说："原来齐国专门出一些为非作歹的人呀。"

晏婴故意转个话题说："不晓得大王知不知道在江南有一种橘树，所生的果实非常甜美，于是，就有江北的人千方百计想要移植到江北。可是，橘树一到江北，不管怎么样，都只能结出又酸又涩又非常难看的果实。"

楚王还是不放过晏婴，但是，这下又中计了，他接着问："那么，你说的橘树跟这个犯人又有什么关系呢？"

晏婴看了看这个犯人，他说："这个人我认得。他在齐国的时候，安居乐业，是个人人称赞的好青年，可是，为什么一到贵国，就变成小偷了呢？那就像橘树一样，显然贵国并不是适合好青年安居乐业的地方，所以，他才不得不做起小偷的勾当。"

当然，晏婴这样说就非常不客气了。不过，这也是没办法的事情，因为楚王显然还是不知道要尊重齐国，身负外交重任的晏婴，当然要好好地改变这个劣势才行。

对于尖酸刻薄的美国女议员，丘吉尔也有他幽默的一面。

有一次，一位美国女议员非常直接地对丘吉尔说："如果你是我丈夫的话，我会在咖啡里下毒。"

丘吉尔接着她的话，无限肯定而坚决地说："如果你是我妻子的话，我会喝掉它。"

可想而知，女议员的脸一定从极为得意，突然变得非常羞愧，因为喝下她有毒咖啡的人，也相对地在讽刺：她是个令人难以忍受的人。

法国大文豪大仲马因为著作太多，有些人不相信这是他自己的创作，于是，常有人恶意批评他，他之所以会有那么高的产量，还不都是引用别人作品的缘故！

大仲马有一回当众被这样说了，心里当然非常不高兴。

于是，他马上送给说他剪贴抄袭别人作品的人一把剪刀。意思是："既然这样，你也剪一篇给我看看！"

或许有人也会宽容地想，需要因为对方的不尊重，而予以反击吗？

可是，不反击难道就站在那儿，坐实了自己的确像对方调侃的那样吗？

而且，看起来好像要机智地反击很困难，可是，这些伟人用的方法，不过就是"东坡棋"的招数——"以其人之道，还治其人之身"而已。

如果放弃这些"练习"的机会，当然永远也学不会怎么样给自己面子啰。

尊重者的永恒信念

如果放弃这些"练习"的机会，当然永远也学不会怎么样给自己面子啰。

自我解嘲——给自己尊重的台阶

　　有时候，对方不是故意不尊重，只是不知道这样对你是不尊重的，这该如何是好呢？

　　有时候，对方不是故意不尊重，只是不知道这样对你是不尊重的，这该如何是好呢？

　　生气一定不是什么好方法，但是，有些幽默的例子可以学习。

　　著名作家梁实秋在师大任教期间，校长常请名人到校讲演。

　　有一次，主讲人因故迟到，在座的师生都等得很不耐烦，于是，校长便请在座的梁实秋上台给同学们讲几句话。

　　梁实秋本来不愿充当这类角色，但无奈校长有令。

　　于是，他上台后只好以一副无奈的表情，慢吞吞地说："过去演京戏，往往在正戏上演之前，找一个二三流的角色，上台来跳跳加官，以便让后台的主角有充分的时间准备。我现在就是奉命出来跳加官的。"

此话引起全场哄堂大笑，适时驱散了师生们因久候所累积的不快。

曾经当过演员的美国总统里根，年轻时拍过电影，却混不出什么名堂，才转而投身政坛竞选上加州州长，开始平步青云。

他竞选上总统后，有次和好莱坞老朋友聚会，谐星狄恩·马丁消遣里根，说他拍的电影没有多少票房，"幸好他知趣地息影了"。

换里根出招时，他说："我和狄恩·马丁唯一不一样的是，我总算知道什么时候该息影。"

有一次，前美国总统柯立芝又看到他那个成天补妆、打扮得漂漂亮亮，可是，工作态度却很散漫的秘书。

他灵机一动，用一种情不自禁的态度对她说："你的打扮真美。"

秘书发现总统注意到她最在意的事情，不禁心花怒放。

总统接着正色地说："可是我想，如果你的工作表现，能够跟你的外表一样出色，那就更好了。"

我想，任谁是那个女秘书，都要感到不好意思，开始努力工作了。

台东地区的某个警局局长，突发奇想地结合当地原住民部落的特色，采用了一项别出心裁的考绩奖惩方式：对于表现优良的警员，赠予刻有笑脸的卑南族木雕偶人，代替奖状的褒扬；反之，对于表现吊车尾的警员，则给予刻有哭脸的木偶，并令其于此期间将偶人摆至局中最明显的值勤柜台上。

考绩垫底的警员接受采访时，故意模仿手中木雕偶人一副泫然欲泣的模样，自嘲地说："下次要努力了，我可不想收集一屋子的哭脸娃娃……"

可知，这个幽默的点子不但具有提振士气的实质褒贬意义，亦让考绩敬陪末座的警员，不至于颜面扫地，因为凡事只要多加了一点幽默因子，就是再严肃庄重的事件，或再倒霉透顶的遭遇，仍会令人忍不住打心眼里漾出笑意来。

尊重者的永恒信念

因为凡事只要多加了一点幽默因子，就是再严肃庄重的事件，或再倒霉透顶的遭遇，仍会令人忍不住打心眼里漾出笑意来。

尊重人性，助人向善

人非圣贤，孰能无过？

记得在学校的时候，老师们总爱给学生贴标签，哪个是好学生，哪个是坏学生。

被认为是好学生的人，不管做什么事情都是好的。可是，坏学生就不管做什么事情都是坏的。

因为我听过太多所谓的"好学生"，撒谎说自己回家后都在看电视，没有念书。但是老师不会责怪他们说谎，还会称赞他们，因为他们考了好成绩。

而所谓的"坏学生"都被"好学生"骗了，以为考试前看电视，不念书没有关系。结果，当然考试考得差，连看电视都要被老师骂。

可是，我小学时候，有一个很"懒惰"的老师，她从来不帮全班排名次，所以，除非满分，知道自己是理所当然的第一名，否则，其他人都不知道自己是"好学生"还是"坏学生"。

因为她愿意尊重每个学生，不愿意先为他们下个结论，于是，我们可以自由地在梦想的天空飞翔。

可是，对于真正做了坏事的人，尊重他们有用吗？他们有可能会变好吗？

东汉的时候有一个叫作陈寔的读书人，有一天，他们家来了一个小偷，躲在客厅的屋梁上，准备趁夜里大家都熟睡的时候，出来偷东西，却被陈寔无意中发现了。

但是，陈寔装作不知道，只是穿戴起最好的衣服，吩咐仆人把自己的所有儿孙都叫唤来客厅，然后，非常端庄严肃地对他们说了一通长篇大道理。

他说："一个人活在世界上，只有短短几十年的光阴，转瞬即逝。如果不及时努力上进，刻苦自励，等到将来年纪大了以后，就不堪设想了。所以每个人在小时候，就应该养成一种良好的习惯，特别是刻苦耐劳。有了奋发向上的志向，之后才可以在社会上安身立命，进而对国家民族有所贡献。"他的儿孙们面面相觑，不知道为什么陈寔突然郑重其事地对他们说起这一番话。

接着，他眼睛往上看了一下说："至于那些自甘堕落不求上进的人，其实他们的本性，也并不一定坏，只是不知道怎样刻苦自勉，一味贪图眼前的安乐享受，不肯劳动而已。于是久而久之，习惯就使他们变得怠惰慵懒，因而做出种种有害社会人群、不名誉的事情出来。"

陈寔接着指着头上的屋梁说："你们抬头看，这梁上君子，就是最好的证明。"

这时躲在屋梁上的小偷，非常羞愧地从屋顶上爬了下来，跪在陈寔面前，请求他的原谅。

陈寔对小偷说："看你的样子，并不像是个坏人？你应该立刻觉悟反省。所谓人非圣贤，孰能无过？只要知过能改，仍不失为一个很好的人。"陈寔后来同情他，因为家中生活所迫，不得不铤而走险，所以，给他两匹丝绸，暂时维持生计，劝他改过向善，好好地做人。

果然，这个小偷从此痛改前非，安分守己做人。

又有一年，渤海郡饥荒四起，到处充满盗贼。

龚遂被派去治理渤海郡，大家都很好奇，他究竟有什么本事可以担负这么困难的工作。结果他到任的第一件事情，就是下令拿农具的就是良民，拿兵器的就是盗贼，立即捉拿，所以，所有的盗匪全都丢掉兵器，改拿农具。

很快地，渤海郡在人民的辛勤耕作之下，饥荒很快就解除了。

从这些故事就可以知道，尊重一个人原本的善性，鼓励他，一定会有好的结果。

尊重者的永恒信念

每个人在小时候，就应该养成一种良好的习惯，特别是刻苦耐劳。有了奋发向上的志向，之后才可以在社会上安身立命，进而对国家民族有所贡献。

别躺在马的脚底下——拒绝不尊重

一个人受尊重与否，不但在于他是否具有让人尊重的价值，更在于他怎么样接受别人对待他的态度。

朋友跟我说到他的一个书法家朋友的故事。

因为我一开始听不懂，所以他还重复了许多遍。

某天，书法家接到来自某个政府机关的电话，要请他教授机关内社团的书法课。不过，电话那端的人却是一点也不客气，连任何电话礼节都没有地说："市政府。(举例)"

这位书法家的父亲帮他接的电话，听到这么不尊重的电话，根本不管他是什么单位，就把电话挂了。挂了几次之后，对方显然已经被这种"当头棒喝"打聪明了，开始说出一些比较客气的话，要请书法家本人来听电话。

　　结果，这个人劈头又是一句"市政府"，书法家当然也不客气，连下文都不听，就又把电话挂了。就这样连挂断电话几次，这个市政府先生才学乖，知道怎么样在电话中有应对进退，也才发现自己平常打电话有多么"狐假虎威"，不尊重人了。

　　或许也有人要说："何必这么大费周章？有的人就是这样说话，反正他又不是故意的，有什么关系！"

　　可是，一个人受尊重与否，不但在于他是否具有让人尊重的价值，更在于他怎么样接受别人对待他的态度。

　　有句外国谚语说得很好："如果你自己不弯腰，别人是无法骑到你背上的。"如果总是不设限地让别人践踏你的自尊，总是当烂好人，觉得没有关系，久而久之，不只是被别人骑到背上，连头都会被别人踩到脚底下，都还不自知呢。

　　试想，当世界知名的浪漫主义作曲家、钢琴家兼指挥家李斯特现场表演时，你会如何对待？别说李斯特，任何表演进行中，没有保持肃敬欣赏，都是一件非常不礼貌的事情。

　　当李斯特有次应邀进克里姆林宫为俄国沙皇演奏

时，沙皇竟然傲慢地躺在沙发上，一边听他演奏，还一边跟臣属们谈话。专心演奏的李斯特发现听众竟是一点尊重演奏者的礼貌都不懂，便气愤地瞪了沙皇一眼，发现沙皇还无动于衷，接着他忍无可忍，砰的一声，盖上了琴盖，中止了演出。

这时，沙皇马上命令侍从询问李斯特究竟发生了什么事。

李斯特这才故意大声地说："沙皇陛下在说话，大家都应该静静地听，当然我也应该静默。"

音乐家讨厌演奏时有杂音，那么，剧作家最讨厌的，当然就是那些总是来要免费票，却不懂得欣赏的人。

有一次英国著名的剧作家萧伯纳的新剧在伦敦初次上演。

在新戏即将开演前几天，他接到一位银行家朋友的来信，上面写着："闻阁下新作即将上演，请赐赠前排戏票10张，以便分送好友观赏如何？"

萧伯纳看完不假思索，立刻回了一封信："闻贵行新钞已出笼，请赐赠大面额票10张，以便分送好友花用如何？"如果萧伯纳真乖乖地奉上戏票，说不定这位没水准的银行家，还要以艺术赞助者自豪呢。

所以，当一向比我嘴巴坏的老友对我说"如果你把你的书奉送上来，说不定我有空的时候还可以勉强翻一下"时，就算我知道这是某种含蓄的要书方法，不会因而怀恨在心，但是，我也不会为这样的话而乖乖奉上"拙作"。

当然，还有朋友更好，就算感情非常好，也绝对不会要求免费赠书。听到我有新书出版，必定自掏腰包到书店去买。

也许有人觉得这些面子的事情都无关紧要，但是班超可不这么想，所以他才能够保全性命。

当班超带兵攻打西域时，有一天，他发觉友邦招待他的军队的态度突然变得冷淡，失去原来尊重的态度，不再像原来那么热络。

他非常敏感地察觉到，事情一定有变化。

果然，友邦受到匈奴使者的煽动，已经暗中有杀害班超的打算。

若不是班超先发现了对方不尊重的态度，还默默地隐忍，为对方找借口，合理化，恐怕最后怎么死的都还不知道呢！

当班超为了这不尊重而展开夜袭，顺利取得匈奴使者的首级时，他也为汉朝找回了尊严。

所以对于别人的不尊重，岂能不谨慎呢？

如果你不小心躺在马的脚底下，马也不会同情你，准是一脚就把你踩扁了。

尊重者的永恒信念

如果你自己不弯腰，别人是无法骑到你背上的。

越了解越尊重

尊重生命，保护动物之前，还是必须先虚心地理解它们真正的生态，不然，他们的热心，充其量不过又是另外一场生物浩劫罢了。

虽然常常说，我才不像一些青少年去崇拜偶像呢！可是，后来想想，也许这不是真的。

因为当在出版社巧遇心仪已久的前辈大作家时，心情还是会激动很久。可是，一定没有人发现我内心澎湃激动的情绪。

因为，对于我的偶像，我知道的并不多，看他的作品也没有很仔细，可能是因为从来没想过会遇到本人，而且有机会问他问题，所以，就跟平常的书一样看过去，也不知道要问什么问题。

所以，我就常常这样兴奋而紧张地看着我的偶像从我的身边溜走。

有人跟我说，为什么要那么害羞？就去跟他打招呼嘛。

可是，我试过了，只是打完招呼，就不知道要说什么，而旁边真正的崇拜者，就会开始对着偶像抒发他的读后心得，问一大堆让作者可以畅所欲言的问题。

知道了吧，要这样才够得上当"迷"的标准。不然，偶像可能会觉得你不够尊重他呢。

就像有些节目主持人或是记者，不够用功，在采访前没有好好阅读数据，对采访对象了解不够，不但问不出适当的问题，有些受访者甚至会觉得不被尊重。

因为本来受邀采访就是应该受到某种礼遇的，结果，连基本的理解都没有，反而像是故意不尊重人似的。

如果像我这样，最好就不要遇到英国有名的剧作家、讽刺家萧伯纳先生，这位还曾经获得诺贝尔文学奖的伟人。因为他连一般的奉承话都不听的。

有一次，一位美国太太见到他，恭维他说："你就是萧伯纳先生吗？久仰大名。"

他听说自己在美国已经享有大名，就不客气地问她说："你说的是哪个大名？我是一个哲学家、小说家、社会学家、批评家、政治家、剧作家，同时还是个神学家，共有七个大名呢。"

就像曾经三度为官，三次被贬，在官场上很不得意的苏东坡。有一天，他下朝回家，吃完东西，摸摸肚皮慢慢地踱步，看到侍女，就问她们说："你们猜猜，我肚子里是些什么东西？"

一个侍女抢着回答："都是文章。"东坡摇摇头。又一个人说："满腹俏皮话。"东坡仍然摇摇头。侍女朝云说："我看您的肚子里是一肚皮不合时宜。"东坡听了之后，捧腹大笑不已。

当所有的人都担心失意的才子苏东坡听不进负面的批评时，只有年轻的朝云敢说出苏东坡总是被贬官的这种既耿介，却又难能有施展报复机会的怪脾气。

能被当成有趣的话说出来，苏东坡心里当然就对失意的事稍稍减轻了些，并且视朝云为知己了。

爱因斯坦的太太甚至还更自负地相信："我不懂我丈夫的相对论，可是我懂得我丈夫。我懂得他的性情脾气，懂得他喜欢什么和不喜欢什么。这对于爱因斯坦的妻子来说，岂不是比懂得相对论更要紧吗？"

这下，全世界的爱因斯坦迷都要俯首称臣了。

　　就连吵吵嚷嚷地说要保护动物的那些热心人士，也是从许多错误的、自以为是的保护行动中，才渐渐发现，原来，尊重生命、保护动物之前，还是应该先虚心地理解它们真正的生态环境，不然，他们的热心，充其量不过又是另外一场生物浩劫罢了。

尊重者的永恒信念

　　尊重生命、保护动物之前，还是应该先虚心地理解它们真正的生态环境，不然，他们的热心，充其量不过又是另外一场生物浩劫罢了。

不了解也能尊重——入境随俗

> 不知道怎么尊重对方时，也很简单，看对方怎么做，入境随俗，跟着就对了。

看过法国近代绘画的人，多少都会对一种叫作"苦艾"的酒感到好奇。因为这不是我们平常容易喝到的酒，在画面中酒馆的桌上黄黄绿绿的液体，让这么多画家以它的名字为画名，并且画下来，到底是因为好喝，还是因为普遍呢？

有一次在爵士酒吧，大伙儿点饮料，有人眼尖看到"苦艾酒"，就兴奋地点了一杯。因为也不知道味道如何，抱着忐忑不安的心情，就先来一杯，大家尝尝味道如何吧。

分这样一杯小酒，有很多方法，可是，最可怕的方法，就是用也不知道曾经摸过什么东西，没有洗过的手指头当作汤匙，分酒和冰块。

我，当然是不喝的。谁叫我学过无菌技术呢！我还做比较严格的外科无菌和稍微宽松一点的内科无菌呢。

再说，如果我没有看到手指头的动作，也许不知道也没关系。问题是，我看到了，而且也开始觉得恶心，真要我喝下去，就算不是细菌的作用，恐怕心理作用就会让我马上跑厕所。

"贡献"出自己手指头的朋友摇摇头，问我："你有没有听过一个故事呢？"

有一天，英国女皇宴请各国使者。

席间侍者不断上菜，大家看到这些丰富又美味的菜肴，忍不住大快朵颐，每样都吃光了。

其中，侍者上了一道柠檬水。

有一位非洲使者看到柠檬水，就咕噜咕噜地喝了下去，因为他以为是席间的饮料。

结果，大家看得目瞪口呆，因为这是洗手水，加了柠檬片，可以除臭，并且具有芳香的作用。

当大家正不知如何是好之际，女皇非常自在地也端起这碗柠檬水喝了起来——为了不让宾客难堪。这可是尊重使者很重要的礼貌呢。

连女皇都跟着喝起了洗手用的柠檬水，当然，其他人也就跟着喝了。"所以，你知道了吧？为了礼貌的缘故，你应该怎么做？"这位"手指头"朋友说。

好吧，我就这样喝了生平第一口苦艾酒。

如果你要问我苦艾酒的味道，我只能说，我觉得真的就是没有洗过的手指头泡水的味道。

又有一次，在很熟的朋友家吃饭。

可爱的小女孩居然在吃完饭之后，拿起盘子，伸出舌头，像小狗一样舔起来，一副非常满足的样子。

只听到她优雅的妈妈尖叫一声，马上说："小美，不可以这个样子。"

小美不明所以地说："妈妈，怎么了？我们平常不是都这样吗？"

小美的妈涨红了脸，非常不好意思地说："这，这，这，我是说在家里吃饭，没有外人的时候才可以……"

说到"外人"两个字，我那优雅的朋友看了看我，又不好意思了。

这下没办法了，我只好拿起盘子，像小美那样舔，并且说："没关系，我们都这么熟了，而且，我平常也都是这样呀。"

瞧我舔盘子的技术多么高明，马上化解了这一家人的尴尬。

所以，不明所以，不知道怎么尊重对方时，也很简单，看对方怎么做，入境随俗，跟着就对了。

尊重者的永恒信念

不知道怎么尊重对方时，也很简单，看对方怎么做，入境随俗，跟着就对了。

尊重的话请多给掌声

其实，与其为自己爱批评的个性找借口，不如真心地鼓掌，肯定别人的成就，更能让对方感受到自己的尊重之意。

宁宁不知是从什么时候开始养成的习惯，总是对她先生所做的事情挑三拣四，尽说一些不中听的话。

两个人不知道为这吵过多少次架了。

宁宁说："我可是为你好，给你建议耶。如果你做得好，又何必说呢？我这么用心良苦，你还不领情，你到底有没有人性呀！"

宁宁的先生说："你那样哪里是建议呀。每次就只会扯我后腿，说风凉话，听到你说的那些讽刺话，好像我是多么差劲的男人似的。"

"你看看你，就爱听那些好听的话，真是一点用也没有……"宁宁还没说完，她先生的手就挥过来了。

"家庭暴力呀，你给我记住，我一定要告你。"

后来，宁宁有了"家庭暴力法"的法院保护令之后，更变本加厉，每次说了一些让先生觉得很难堪的话之后，她就会拿起那张"护身符"说："不然你想怎样，要打我？来呀。"

因为宁宁现在逢人就说先生会打人，所以，有些朋友问起事情的原委，宁宁的先生也只能摇摇头说："你们不知道，有些女人就是欠揍。我只不过是希望她能够少讲一点贬损我的话，多尊重我一下，支持我罢了。可是，她就是不肯。"

真是"清官难断家务事"，不过，不只是婚姻关系中需要对方用支持的态度来互相尊重，在工作上也是如此呢。

有一次，当意大利著名的魔术家卡斯表演的时候，偏偏前排刚好有一个喜欢"吐槽"的观众。

这个观众一直不断地说："这根本就是假的。"要不然就是说："这真的是太幼稚了。"

卡斯都听到了，可是还是继续他的表演。但是，这位观众还是不断地说这些不屑的话。

最后，卡斯终于忍不住了。他跟观众说："是的，也许诸位对于刚才的所有表演都认为是假的。那么，现在，我将为各位表演一个最伟大、最真实的节目。"全场欢声雷动，等待看卡斯的表演。

卡斯向这位"吐槽"先生鞠了一躬，说："可以跟你借帽子和怀表吗？"这位观众在众目睽睽的期待之下，只好答应了。

卡斯又问："那么，可以让我把你的帽子剪开？怀表用铁锤打破吗？"

这位观众也勉强答应了。

然后，卡斯回到舞台上，把帽子剪开、怀表打破后，跟全场观众说："刚才我所有的表演，这位先生都说是假的，不过，我跟各位保证，这次绝对是真的。"

其实，与其为自己爱批评的个性找借口，不如真心地鼓掌，肯定别人的成就，更能让对方感受到自己的尊重之意。

尊重者的永恒信念

试着问问你自己，是不是也希望别人给予你一些掌声呢？

向生命敬礼

> 对大部分人讨厌的人还能够保持敬意、给予尊重的人，通常都会得到很好的回报。
>
> 学会无论对什么人，都要有尊重的态度。

好奇怪，最近好多朋友都不约而同地说出自己在20 岁之前的心愿：绝对不要活到超过 30 岁，一定要像樱花一样，在最美的时候掉落下来。

想到樱花纷飞如雪的粉红色花瓣，对年轻的我们来说，简直再没有比这更浪漫的未来了。

可是，我们都没有如愿以偿，甚至"可耻"地在众人的生日快乐声中，度过人生第三个十年。

与其说想早早离开这个世界是一种逃避的心理，不如说是对于 30 岁以后的人生，由于我们所见过的这些大人所过的生活，实在一点也不期待。

　　甚至，我们也曾以为，那都是因为活太久的关系。人渐渐失去了年轻的气味，就开始腐朽了。

　　可是，因为看了一部电影，一部全都是老人的电影，让我对长久的生命感到无比的渴望。

　　文温德斯的巴西爵士乐纪录片《乐士浮生录》，谁会想到这部电影有这么迷人呢？全部都是老人，早就过气的爵士歌手，这和印象中的偶像歌手靓丽的样子也未免差太多了吧。

　　当长相平凡的老人唱起从小就会唱的那几首爵士歌曲时，仿佛整个人都发出光芒，而一首歌唱过一辈子，竟然散发出异样的魅力，一听就是岁月的声音。

　　是的，就是要活这么久，这么爱唱歌，而且到这么老还能唱，才能让我们听到这么令人动容的音乐。

　　我突然想到妈妈常叮咛我的话："要好好照顾身体。因为艺术家都要等到老了才会出名，所以，要先把身体顾好，才能够写很久。"

　　原来，缺乏像这样近距离地、以一种迷人的方式看老人，想象自己的老年，所以，对于老年的态度也随俗、才缺乏敬意。也许现代人为了小孩子的安全问题，教导他们不要跟陌生人讲话，甚至抱着一种不信任的态度，这不但有偏差，而且是非常不尊重人的态度。

在过去中国的神仙故事当中，多的是化身为乞丐、老人、病人的神仙，来到人世间，试探人们的善心。

而真正能通过考验，对大部分人讨厌的人还能够保持敬意、给予尊重的人，通常都会得到很好的回报。

当然这些故事都是虚构的，但目的却是为了让小孩子学会无论对什么人，都要有尊重的态度。而且，就算是因为不尊重而结的仇，也可以因为后来尊重的态度，而获得原谅。

像在战国时期提出"远交近攻"策略的范雎，最初为魏国大夫须贾做事时，因为误会被魏相魏齐打成重伤，后来他装死被弃置厕所，还遭到尿辱。

后来范雎没有被这件事情所击垮，发愤图强，改名投靠秦昭王，提出"远交近攻"的有力战略后，被秦国拜为客卿，命为宰相，封为应侯。

魏国也知道了范雎这"远交近攻"的策略，很快就会让他们尝到亡国的命运，于是派须贾来求情。

范雎知道须贾要来，故意打扮很寒酸，来求须贾帮助并试探他。还好须贾很同情他，给他一件粗丝做的长袍，然后一同进宰相府。

后来须贾知道他就是秦国的宰相张禄（范雎当时的化名），非常惶恐。范雎说："你虽然有对不起我的地方，但是还能怜惜我的寒酸，赐我丝袍，这种故人情谊，我还是很感激。"范雎没有太为难须贾，放他回国。

尊重者的永恒信念

　　不管对象是谁，随时保持尊重的态度，才不会错失生命中的许多惊奇。

以谦逊彰显出自己的局限

　　明白各种知识领域都存在着巨大的不确定性，这才是严谨的治学态度。

　　真好，在尊重的人面前，世界突然变得好开阔。

　　"你有没有觉得丽莎有点那个？"

　　"哪个？"

　　"你不觉得就算了。"

　　"说嘛，到底怎样？"

　　"我跟你说，可是你不可以跟丽莎说哦……"

　　这样的对话很熟悉吧？

　　对于总是自己一个人在家里写作，认识的朋友常常彼此都不认识的我来说，觉得朋友之间大家都认识，可以道人长短，真是天下一大乐事。

　　糟糕，你说这叫作"三姑六婆"？

　　没错，我也知道，不过，有时候有话没的说也挺难过的，总不能全写在书里面吧。

是的，我也试过把这些三姑六婆的对话写下来，像小说中的对话。

可是，人们一下子就会发现，从全知全能的小说作者眼中，这样的对话永远都是有局限的。因为下一个场景，必须推翻这么武断地评论别人的对话。

这点小小的发现，对著名的剧作家萧伯纳来说，恐怕是非常平常的。

有一次罗素对萧伯纳说："我觉得韦布这个人有点缺乏友善。"萧伯纳回答说："不对，你可大错特错了。有一次，我和韦布在荷兰乘电车，吃着饼干。后来一名上了手铐的囚犯被几名警察押上了车，别的乘客出于恐惧，全都缩到一边。只有韦布走上前去，给了囚犯一些饼干。"

又有一次，一个好朋友对萧伯纳说："贝尔老在背后说你坏话，可是你总是在别人面前说他的好，你做人真伟大。"萧伯纳只是淡淡地说："也许我们俩都错了。"

作家曾野绫子说："人不要谈论他人。如果所谈的是不负责任的话题，就会变成传闻。假使稍加慎重，就会变成传记或追悼记、回忆录。我对任何一种都抱持怀疑的态度，因为没有人能够正确无误地写出从未一起生活过的他人内心的想法。"

别说写别人很难正确无误，我还常常觉得就连写自己的日记，都还很难能够把当时的心境完全写出来呢。

当世人看着报纸，常对从未谋面，连他吃过的东西、走过的路都没见过的人，居然可以像是自家人一样如数家珍地说长论短，比方说名人的绯闻啦，仔细想想，真是不可思议。

在美国前总统克林顿绯闻案审理期间，记者们每天追踪此新闻沸沸扬扬之际，自然也想要知道别的国家的总统对这件事情的看法。

可是，捷克总统哈维拒答记者所提有关的问题。

他说："我不想谈我不懂的事。"

是啊，谁都不是克林顿。况且，连他们两个当事人都说不出个所以然，到底还有没有什么没说的，谁也不知道，还是别讨论吧。

对于生活上所遇到的人，要谦虚地承认自己的认识有所不足，在更广大的知识领域里，就更是如此了。

法国数学家伯努瓦曼德尔·布罗特曾说："明白

各种知识领域都存在着巨大的不确定性，这才是严谨的治学态度。"

科学家爱因斯坦大概会觉得他总是被错误认识了吧。

小时候，爱因斯坦因为开口说话较迟，他的父母非常担心他的智力。直到有一天晚餐时，他开始不再保持沉默，开口说了第一句话："汤太烫了。"

他的父母听了，心上一块石头总算落了地。接着，他们关心地问他："为什么你以前都不说话呢?"

"因为直到目前为止，一切都很正常呀。"

小时候被认为可能太笨的爱因斯坦，长大之后，又被过度认为太聪明了，没有人相信他会有出错的时候。

有一次在科学讨论会中，有人引用爱因斯坦发表过的理论。爱因斯坦马上举手说："我很抱歉，您的研究所根据的某些思想，是我不久前发现的，但是遗憾得很，那些想法是错的。"

这个研究者非常吃惊地说："您为什么要突然改变自己的想法，而不从您从前所发表的见解出发，把它发展下去呢?"

爱因斯坦实在有点受不了这个不尊重科学精神的

人，于是，他不耐烦却又幽默地说：“您的意思是说，要我跟上帝辩论，向他证明，他的行动规则不能配合我发表的想法吗？

“一个盲目的甲虫在一个球面上爬行，它意识不到它走过的路是弯的，幸而我能意识到。”

真好，在尊重的人面前，世界突然变得好开阔。

尊重者的永恒信念

　　一个盲目的甲虫在一个球面上爬行，它意识不到它走过的路是弯的。

一花一天堂，平凡中见伟大

一个人愿意放低自己的身份，观察周围的人，即使只是其中的一个小小的点，都可以有很大的启发和收获。

每当我看到车站前地下道阶梯上"阿瘦皮鞋"的广告，就会想起那个老板，因为蹲在火车站前，观察人来人往、男男女女对于鞋子的喜好，终于研制出自己公司独特的皮鞋款式，后来深受欢迎的故事。

一个人愿意放低自己的身份，观察周围的人，即使只是其中的一个小小的点，都可以有很大的启发和收获。

松下幸之助对于周围的人与事，观察体会得更深刻。他非常尊重这些平凡的人与事，当他把他的观察和想法写成书，甚至在他自己的人生与工作中贯彻实践时，大家才会恍然大悟，原来这么简单的事情，却如此重要。

曾野绫子说："包括我自己在内，几乎大多数的人都度过'平淡无奇的人生'。能否在这种平庸中发现伟大的意义，就是一种艺术，也是人生能否成功的分歧点。"

匈牙利化学家萨特·葛罗吉也说："所谓发现就是，与常人观察相同的事物，却能洞察先机。"

有一次，松下幸之助接受美国一家周刊杂志的邀约，拍他的照片登在杂志的封面。

等到他依约准时到达拍摄的地点，才知道杂志的摄影记者带了助理，在一个半小时前就已经到达了。他们研究场地，并做好各种准备的工作，准备的工作之周全，让松下幸之助不敢相信，只是为了一张照片呢。

接着，开始拍摄时，背景的颜色一下子换成白色、黄色，叫松下幸之助看不同的方向、微笑、开口讲话，等等，同时在一刹那间，拍好了黑白及彩色共120多张照片，平均一分钟拍两三张，连拍一个钟头，动作快得令人无法想象。

据说这个摄影记者在拍摄松下照片前几天，才刚从战地摄影回来。于是，松下幸之助从这里学到了，专家就是这种为了工作赌命的人。而且，如果为了工作，无法做到这种地步，就不能成为专家。

没想到吧，日本经营之神松下幸之助就这样靠着尊重、欣赏周围平凡工作者的工作精神，而使自己不断地在工作上充电，启发新的经营能力。

尊重者的永恒信念

日本经营之神松下幸之助就这样靠着尊重、欣赏周围平凡工作者的工作精神，而使自己不断地在工作上充电，启发新的经营能力。

CHAPTER 6

为自己睁开看世界的
另一双眼睛

以偶像为目标，全速前进

世界上有许多伟人，他们能够实现自己的梦想，都源于为自己找到一个愿意效法，并且足够可以勉励自己，值得学习的对象。

开始擦起指甲油，这让保守朴素的妈妈一看到我的手，就忍不住尖叫："什么？你擦指甲油!"

难道在我们印象中好像满街高中生辣妹的日本，她们的爸妈就不会像我妈这样看到艺术指甲就尖叫吗？当然不是。

话说理子从高中还没毕业，每天上课就在书桌底下画指甲，甚至一度还想要休学开始学画艺术指甲，把她爸妈给气炸了。

理子后来因为被爸妈反对画艺术指甲而气得离家出走。她跑到在东京开艺术指甲专门店的表姐真奈家。当然，一下子就被找到了。

自从表姐真奈结婚典礼之后，就再也没有到过东京的理子爸妈，这还是第一次来到真奈的店。

看着真奈专业的态度，认真地为上门的客人画指甲，整齐的店面，顾客满意的表情，让理子爸妈原本严峻的表情渐渐舒缓。

当他们带着理子回家的时候，爸爸开口说："真奈真是不错呢，她画的指甲真是漂亮。理子，等你高中毕业，爸爸一定让你学画艺术指甲。不过，你可得好好地把高中念到毕业才行。"

就这样，理子在真奈表姐这个偶像照顾她的情况下，学会了东京第一流的指甲艺术。

画指甲真的是不念书的孩子在做的事情吗？即使本来对擦指甲油非常反感的我，想法也不禁一百八十度大转变，特别是当我总是没有办法把指甲油的颜色涂匀的时候，我更加佩服理子了。

世界上许多著名的伟人，他们能够实现自己的梦想，也像理子一样，都源于为自己找到一个愿意效法，并且足够可以勉励自己，值得学习的对象。

发现新大陆的哥伦布从小就是马可·波罗迷，他对《马可·波罗游记》当中的东方世界心醉神迷，所以长大之后，无论经历多大的困难，也要一偿自己的东方航海心愿。

德蕾莎修女常被问道："为什么你能够持续不断地为这些又穷又病的人服务，而不感到疲倦？"

她常说，是耶稣的精神不断地鼓励她，支持她。每当她想到耶稣为世人的罪被钉在十字架上，感受到耶稣的大爱，她就觉得深受感动，而能够重新鼓舞自己，继续为世人贡献。

甚至曾经获得过诺贝尔奖荣誉的科学家居里夫人，因着对她的丈夫居里的尊敬之情，即使在他过世之后，依然不断记得他所鼓励她的话，在悲伤及忙碌的情况下，仍不放弃研究工作。

就像舅妈教我的祷告方法一样：把心空出来，让神住进来。

当你的心里住进一位伟人，一位可以鼓励你在你的人生目标上努力的，你所尊敬的人，那么，你也会更加充满智能与力量。

尊重者的永恒信念

当你的心里住进一位伟人，一位可以鼓励你在你的人生目标上努力的，你所尊敬的人，那么，你也会更加充满智能与力量。

把忠告当养分，无往不利

忠言逆耳，苦口良药。

因为每个人都有盲点，别人的建议是最珍贵的一面镜子。

"不要，不要，不要……"

你以为这是正值叛逆期的 5 岁小孩，或是 15 岁青少年的口头禅吗？

朋友说，如果是这样，他觉得这还倒好呢。因为，这样就不会想要认真计较。问题是，他碰到的是最要好的朋友，也是工作上的伙伴。

"又不是要害她，是为她好、给她建议、给她忠告、给她劝告，居然一句话也不听，不管我说什么，她都说不要，把我给气死了。"

每个人在一生中，都会听到许多别人给的忠告，不管是再令人讨厌、再没有朋友的人，也会得到许多热心的陌生人所给的一些劝告。

可以呀，你当然可以尽管骄傲地坚持己见呀，不过，不尊重别人的意见，可会遭遇更多的挫折。

就像《国王的新衣》故事中的国王一样。不听从别人的意见，等到最后大家都看你出洋相，这样会让自己十分丢脸的。

还有更过分的，像大将军马援的同乡好友公孙述，自己得意的时候，对朋友居然摆出架子来，让马援心里不高兴，自然就不想帮他了。

结果，就因为没有得力的帮手，可怜的公孙述后来被汉光武帝给灭了。

有些人专挑自己想听的来听，有时候反而听的是不在行的人的话，只是加深自己的错误观念，受害更大。

像刘宋文帝就是一个悲惨的例子。文帝手下有征讨蛮夷有功的大将军沈庆之，可是，文帝却不听他的建议，被他缠得受不了，便找了两名从来没有披过战袍的文官跟他辩论。结果，不愿采纳意见的文帝，终于尝到了恶果。

相反地，正如西流士（Publilius Syrus）所说："许多人对旁人提出的劝告不过听听而已，唯有聪明人察纳雅言，获益良深。"

美国前总统林肯，在竞选时就是因为听了一个小女孩的建议，把胡子留长，果然让他的外表赢得许多妇女的支持而顺利当选总统。

美国开国英雄富兰克林，有一次坐船，也是因为听了一位陌生女教徒的忠告，才得以逃脱被栽赃的劫难。

原来，一上船就跟富兰克林混得很熟的两名年轻女子是小偷，她们专门利用陌生人来掩护她们的身份。还好，有人告诉他远离这两个女子，不然，他可能就要背上偷窃的罪名了。

话说有名的刘备"三顾茅庐"，倍极虚心请来了诸葛亮来辅政，果然让居于弱势的蜀国，成为三国时代不可忽视的一个重要割据势力。

唐太宗更以广纳谏言出名，因为他具有开放的心胸，鼓励大臣发表所有的意见，所以能够创造中国历史上有名的"贞观之治"。

从小我就习惯在妈妈跟我说"你要听话……"时，赶快跑掉，要不然就是偏偏不照她说的那样做，为了这我吃过许多亏。

因为每个人都有盲点，有看不到的地方，在身体上，就要靠多面镜子来辅助；在行为上，别人的建议是最珍贵的一面镜子。

尊重者的永恒信念

许多人对旁人提出的劝告不过听听而已，唯有聪明人察纳雅言，获益良深。

再回首已百年身

千万不要在一念之间与生命中重要的人错过，一旦擦身而过，就像交叉的铁轨一般，难以再续前缘。

一位住在山中茅屋修行的禅师，有一天趁夜色到林中散步，在皎洁的月光下，他突然开悟了自性的般若。

禅师喜悦地走回住处，看见自己的茅屋遭偷。找不到任何财物的小偷，要离开的时候在门口遇见了禅师。原来禅师怕惊动小偷，一直站在门口等待，他知道小偷一定找不到任何值钱的东西，早就把自己的外衣脱掉拿在手上。小偷遇见禅师，正感到错愕的时候，禅师说："你既然远道而来，总不能让你空手而回！夜凉了，你就带着这件衣服走吧！"说着，就把这件衣服披在小偷身上，小偷不知所措，低着头溜走了。

禅师看着小偷的背影走过明亮的月光，消失在山林中，不禁感慨地说："可怜的人呀！但愿我能送一轮明月给他。"

第二天，在温暖的阳光照拂下，禅师从极深的禅定中睁开眼睛，看到他披在小偷身上的外衣，被整齐地叠好，放在门口。

禅师喜悦道："我终于送了他一轮明月！"

以前每次看综艺节目"超级星期天"的"超级任务"之后，我都会提醒自己，千万不要在一念之间与生命中重要的人错过，一旦擦身而过，就像交叉的铁轨一般，难以再续前缘。

因为出"超级任务"的阿亮，也有找不到人或是找到人、可是那个人不愿意上节目，甚至不愿再相认的状况。

说到当初为什么会渐行渐远，这个人可能是好朋友，恩人，或是亲人，怎么会原来感情那么好，后来却不联络，以至于在茫茫人海中，失去对方的音讯呢？

在长久的时间沉淀之后，回想起来，当初其实不过是为了很小的事情而不快，可是，一旦当时没有实时化解误会，"再回首已是百年身"。

其实，原谅对方在当初虽然是很勉强的事情，可是，如果可以减少这么多年的失散与误会，这点损失根本算不得什么的。当我们义正词严地要别人尊重我们的同时，想想自己是不是也能够宽大为怀，先尊重对方呢？

古代有大夫宋就，做边境县令时，发现自己所治理的村庄和邻国接壤的村庄虽然都种瓜，可是，两边的收成却大不相同。

他的村庄人民勤奋，种的瓜自然又大又甜，邻村人懒惰，自然而然瓜地收成就很差。

但是，邻村的人却忌妒他这村庄的瓜田，想出了一个阴险的方法，趁着夜半，偷偷摸摸地跑到他这村弄坏这儿的瓜，所以，自此每天都有瓜莫名其妙地枯死。

当宋就知道这件事情时，这村的人已经决定向邻村的人用同样的方法来报复。可是，宋就听完了事情的原委之后，他耐心地跟村民说："相互结怨是会引起祸患的呀。别人恨你，你反过来也恨他，为何心胸这么狭窄呢？要我来指点你们的话，我建议你们每天晚上派人偷偷地到邻村去帮他们照顾瓜田，而且千万不可以让他们知道。"

于是，这村的人听了宋就的话，每天晚上偷偷摸摸地去帮邻村的人照顾瓜田，果然邻村的瓜越长越好。

邻村的人觉得奇怪，暗中观察，才知道这是这村的人为他们所做的事。

于是，邻国的县令将这件事禀告国王，国王听了，痛心地说："难道我们的错只是弄坏人家的几个瓜吗？"

从此两国结成亲密的友谊之邦。

尊重者的永恒信念

当我们义正词严地要别人尊重我们的同时，想想自己是不是也能够宽大为怀，先尊重对方呢？

尊重为自己睁开看世界的另一双眼睛

> 失明的海伦·凯勒曾经说过，世人的眼睛看不见的，她可以用心看见。

失明的海伦·凯勒曾经说过，世人的眼睛看不见的，她可以用心看见。为什么正常的眼睛也会有看不见的东西呢？

根据动物行为专家的研究，人们所感知到的世界，仅限于人们准备去感知的那个部分。可想而知，那一定不是全部。

以动物做实验。比方说，把刚出生的小猫养在小房子里，墙上画着垂直条纹的图案。等到它们大脑发育基本成熟时，就把它们放到四壁画有水平方向条纹的木盒中。这些水平线条标示出放有食物的隐秘处，或出入木盒的翻板活门。结果没有一只小猫能找到食物或走出木盒。因为早期的垂直线条经验，限制了它们，使它们只能感觉到垂直的东西。

同样地，我们无法去理解的某些事物，也是因为我们被教会只按照某一固定模式感知。

当我们能够承认自己的有限，也正是向这个世界打开了一扇窗，才有可能对有限的感官产生新的启发。

当人开始尊重这个世界，就会发现，除了眼睛，心也可以观看。就是因为海伦·凯勒的眼睛有局限，迫使她不得不张开所有别人不用的感受力，为我们发现原来这个世界有一些东西只有心可以看得见，也告诉大部分人，我们的感觉常常都是有限的。

所以，抱有统治欧洲雄心的拿破仑，就不能不虚心地放下自己的骄傲，网罗著名的学者、数学家等开所谓的"学院会议"。在会议中，拿破仑愿意跟所有的人平起平坐，在这里，他不想用官位而不是学识赢得辩论。因为他知道，他要，而且一定要得到真正的见识。

日本近代画家东山魁夷，有一件最重要的大创作，即是他为唐招提寺所画的系列障壁画。

东山魁夷在《唐招提寺之路》这本书中提到，这是一条漫长而坎坷的道路。

因为，他要为唐招提寺里供奉中国鉴真和尚的寺院画壁画，当他追溯起鉴真的故事，寺院的建立过程，还有他所在的日本传统时，他深深感受到自己在这个传统之下的责任重大。

当他细究这些传统时，他更加谨慎，同时，也从这些往昔的人物当中，得到智能与力量。他是如此虚心，依着人物、寺院、风景而学习。无怪乎他最后完成的作品，在当代已获得如古代名作一般崇高的地位。

"让我解释我的理论。"导演文温德斯说，"我领悟的是，当你阅读时并不是那些字，也不是那些字所组成的行列引人兴趣，而是留白。行列之间的空无，那就是你正在读的东西。我对电影一直有这样的概念。有趣的在于存乎影像之间的无。人们能读的越少，那就会读到更多。今天，人们拍片时就把一切填满，满满的声音和影像，一切都填满了，有点像墙靠墙的电影。一切都满满的，人们抬起头什么也看不见。我总觉得惊讶，当我走进电影时，总觉得开放。每部我走进去的电影，我就在开放中见到很多东西。然后我理解到那里面东西太多了，以至于我都看不见东西。我就分神去看空间，那存乎于行距之间的留白。而它们要我去填满我自己的留白。"

于是，当我感到眼前许多的事情，缺乏智能可以处理时，我会想起作家曾野绫子的一句话：

当你快要溺水时，把身体放开，顺着水流，自然就会浮起来。

当我决定顺着水流，不再坚持非怎么样不可时，通常冥冥之中就会有让我浮起来的力量出现呢。

尊重者的永恒信念

当你快要溺水时，把身体放开，顺着水流，自然就会浮起来。

柳暗花明又一村——尊重改变命运的结果

如果什么本事都没有，单靠自尊，坚定地相信自己一定可以办到，恐怕是没有什么用吧。不，这样想就错了。

有时候人运气不好，碰到多么不被尊重的事情都有可能。

比方说，宋朝的王安石有一次去游览极宁寺。

他的马夫一不小心，让马受惊一跳，把他从马上摔下来。

随从连忙把他扶上马，但是这事情已经让许多人围过来看热闹了，他们以为王安石这样出洋相，一定要大骂马夫。

不料，王安石不慌不忙地扬起马鞭，指了指马夫说："幸亏我叫作王安石，要是叫作王安瓦，岂不就摔得粉碎了！"

　　有名的草书家于右任因为名气实在是太大了，所以模仿他的作品很多，当然其中有的品质非常差。

　　有一次，于右任的学生很生气地跟他说，他在路上看到一家店招牌，用了老师的签款，但是那分明是假的，实在是有损老师的名声，非得要好好地跟老板理论不可，所以特来请示老师。

　　于右任一听，赶紧问那店家在什么地方。于是，他马上跟学生一起去找那家店的老板。谁知，于右任不是去理论、讨回公道的。他为这位应该是非常喜欢他的字，可是却没有机会向他求字的老板重写了招牌。

　　这样一来，不就皆大欢喜了吗？

　　是呀，造假固然不对，但是，于右任看到了其中大家喜欢他的这一面，于是大方的他，顺手挥毫，也让这老板见识到了真迹，换了新的招牌之后，他也少了一件伪作公案。不过，当文艺复兴三艺术巨擘之一的米开朗琪罗遇到不被尊重的状况时，显然没有能这么心平静气。

　　因为以身为雕刻家自豪的他，居然因为一些忌妒他才华的人在教皇跟前耳语，就被派去画西斯汀教堂的壁画。这分明是等着看他的笑话嘛。

但是，米开朗琪罗以身为艺术家的自尊，驱策着他全心全意去完成这个虽然他很心不甘情不愿才接下的工作。结果，他画得好极了，简直让那些原本想要陷害他的人不敢相信。而雕刻家米开朗琪罗也因为这件作品，而让后人知道他在绘画上的造诣。

可是，如果什么本事都没有，单靠自尊，坚定地相信自己一定可以办到，恐怕是没有什么用吧。

不，这样想就错了。历史学者钱穆就曾经说过一个小故事。在他的家乡一个小寺里的方丈发愿要重建这座庙。当时要募到钱的机会实在非常渺茫，可是，方丈就是有信心。他每天都非常积极地念佛，心心念念全在建庙上，他的举动感动了四方的香客，果然没过多久，他就募到了建庙的款项。

如果他连自己的这个心愿都不尊重，依当时的情况判断，觉得不可能，就先放弃，那么，一定不可能达到目标。可是，他宁可拿自己的尊严做赌注，并且真心真意，我想，如果这个世界上的人再对这样的诚意无动于衷，那么，可能连天地鬼神都会受不了，而下凡来帮他了。

尊重者的永恒信念

尊重自己的每个想法，生命会变得更精彩。

尊重自己是迈向成功的第一装备

无论如何，先尊重自己，对自己最好，就能创造出成功的自信。

会不会有时候，"尊重"对某些人来说是一种谎言，一种善意的谎言？

1855 年 5 月，经过半年的艰苦工作之后，南丁格尔对于司库台医院的状况应该是相当满意了。因为经过照顾的伤兵死亡率从 42% 降到了 22%。

但是她还是不满意。士兵的物质需求已经满足，但是精神和宗教方面还有待解决。她把阅览室和娱乐室建立起来，并配置了设施。她开设了各种课程和讲座。结果士兵们不再酗酒，他们把钱省了下来。南丁格尔成为军队的银行代理人。每个月她都要接收一大笔钱，然后把钱寄回国。在往后的半年中，她寄了 71000 英镑。

拿破仑率兵攻打埃及，在金字塔下，他慷慨激昂地告诉士兵："三千年的历史在看着我们！"这样一句充满炫惑力的话，让所有的士兵仿佛得到神助，一举攻下埃及。

英国心理学家哈里特小时候遇到作文课总是咬着笔杆，怎么绞尽脑汁，也挤不出一句话。可是，有一天，他突发奇想，如果是某位大作家，写起作文来一定没有问题。

他试着想出一个句子，然后修饰成那个作家比较有可能会写出来的样子。就这样，他用大作家分身的身份，写出了他的第一篇出色的作品。后来，他竟然文章真的越写越好。

由这些故事可见：无论如何，先尊重自己，对自己最好，就能创造出成功的自信。

也有些伟人的自尊心超强，小则可以发挥强大的意志力，改变大家都觉得不可能改掉的恶习，大则可以建立国家的尊严。

法国总统戴高乐曾经是个老烟枪。但是，他怎么可能视自己为普通人！有一天他在朋友的怂恿之下，说出要戒烟的话，为了顾全他的面子，自然要说话算话，果然在非常艰辛的情况之下，戒烟成功。

　　而战国时代苦学出身的苏秦，坚持韩国必须维持国家的尊严，不能再以割地的方式来讨好强大的秦国。他这个建议，让韩国人发现原来他们具备对抗秦国的能力，只是，若是继续割地并且恐惧下去，被灭亡是迟早的问题。

　　尊重自己，你会得到所有你想要的！

尊重者的永恒信念

　　尊重自己，你会得到所有你想要的！

尊重能鼓舞士气

跟自尊心差的人工作，是一件非常累人的事。

跟自尊心差的人工作，是一件非常累人的事。

首先，因为不相信自己，所以，他们会经常唉声叹气，对结果非常悲观。明明很振奋地工作的人，一直听到"完了啦，没救了"这类的话，怎么还能好好做事情呢！

但是，像波奇这样的钢琴家，他永远不会怀疑自己的能力，他尊重自己，对自己有信心。有一次，波奇受邀到美国密西根州做爱心基金筹募义演，面临观众稀少的窘况，他仍然能够幽默地对观众说："这个城市的人一定很有钱，因为我看到你们每个人都买了两三个座位的票。"

能够这样说的演奏者，想必即使在观众不捧场的情况下，也不会演奏失常，或是怪罪其他工作人员。在大家尴尬的笑声之后，只能让那些没有来听的人后悔。

还有些对自己的能力没有信心的人，就会升起铲除异己之心，跟这样的人工作起来更累。

像百事可乐的董事长就深知这个道理，所以他每年自动减薪90万元，当员工子女的奖学金。

他说："像百事可乐这种公司，每个人都很重要。但依我看，最重要的还是那些负责制造、搬运和推销我们产品的男女员工。"

我们身体各部分的完美和谐，其实是来自于一切细胞的平等存在。我们身体的所有细胞、组织都只有一个目标：为整体做更好的运转服务。

以机智幽默著称的纪晓岚，面对任性地赐他死的乾隆皇帝，不说自己的功劳，却故作玄虚地说，当他正要死的时候，屈原跟他说："你不能死。"

乾隆这下觉得好奇了，就问："为什么你不能死呢？"

"因为屈原说，他死是因为他遇到昏君，可是我没有遇到昏君，怎么可以死呢？"纪晓岚说。

乾隆皇帝当然知道这又是纪晓岚胡诌的，但是，连屈原都说他不是昏君，他当然高兴啰。所以，纪晓岚小命又保住了一次。

　　纪晓岚心里还想："我怎么能死呢！我可是忠臣，我死了，那么，就算不是昏君，这个国家也没多大搞头了。"

　　说得真有道理，这样的自尊自重就对了。

尊重者的永恒信念

　　我们身体各部分的完美和谐，其实是来自于一切细胞的平等存在。

甜蜜地尊重家庭

> 如果因为亲密，而经常随口说出不尊重的话，那么，再血浓于水的亲情，都有可能破裂。

邻居的妈妈说话总是轻声细语的，很难想象她在面对总是不受管教的小孩时，怎么样"教训"他们。

当他们不听话的时候，她就跟他们说："哎呀，我觉得你们都叫我阿姨好了，不要叫我妈妈，因为我说什么，你们都不听。"这段话在别人家，也许要"翻译"成："你们眼里到底还有没有我这个妈呀！"

前者的例子，小孩很简单，他们只要挨过去到妈妈身旁撒娇，一直叫："妈妈！妈妈！"大家就心平气和，和好如初了。再不听话的小孩，听到妈妈这样说，恐怕也要难过地哭了。可是，后者，生气的妈妈，恐怕就要跟已经拗起来的孩子对上了，这下不但一发不可收拾，而且几次下来，母子关系只会越来越差。

其实，就算再亲密的家人，尊重的言语还是非常重要的。如果因为亲密，而经常随口说出不尊重的话，那么，再血浓于水的亲情都有可能破裂，更不要说目前越来越脆弱的婚姻关系了。

丘吉尔有一次在宴会餐桌上，面对着太太，只见他的一只手在桌子上来回移动，两个手指头向着夫人的方向弯曲。有人偷偷地问丘吉尔夫人，首相先生到底在玩什么把戏，怎么夫人会从一开始面无表情，到后来眉开眼笑？"啊，我们的首相先生，正在为刚才我们出门前的小争执，跟我道歉呢。"

身为著名影星杰奎琳的老公，美国总统肯尼迪，在1962年访问法国时，全法国都为这位风情万种、仪态万千的女性而风靡，她的光芒令身旁的肯尼迪显得暗淡无光。

于是，肯尼迪在法国最后一天的记者招待会上，不禁幽默地对记者们说："我觉得向在座的各位做一下自我介绍并无不当之处。本人是陪同美国总统夫人杰奎琳·肯尼迪到巴黎来的男士，为此，我感到万分荣幸。"

　　看看这些优雅的人，是不是让人觉得尊重真如春风一样，吹进了每一个针锋相对而精疲力竭的家庭中呢？

尊重者的永恒信念

　　如果因为亲密，而经常随口说出不尊重的话，那么，再血浓于水的亲情，都有可能破裂。

尊重黑暗面的启示，人生更丰富

> 这个世界本来就不是单面向的，只存在正面事物的价值。

"为什么要看最可怕的杀人魔电影呢？"我对朋友的品味很不能认同，很好奇为什么要这样虐待自己。

因为本来以为最大胆的我，有一次一口气借回来所有日本贞子鬼片的录像带，看的时候还很失望地一直说："只是这样啊！"

可是，等到看完准备睡觉，一闭上眼睛，贞子的画面就像洗不掉似的，不断地出现在我的脑海，这时候，我才知道什么叫作恐怖。

总之，我再也不看可怕的电影。甚至，为了维持心情的平静，太过可怜、感伤、恶意、变态的电影、故事、连续剧，甚至新闻，我也一律拒绝。

当朋友回答说："看过最可怕的杀人魔电影呀，嗯，那么以后看到报纸上的新闻就不会太吃惊呀。"

天哪，那我可不需要了，因为我已经给自己一个天堂，充满真善美的天堂。

可是，我还是不知不觉地看了克劳德·雷路许的电影，而没有发现在他多线进行、挑战观众智商的剧情当中，探讨的就是关于人性中的谎言。

说也奇怪，跟我一样是天蝎座的雷路许，应该最讨厌谎言，可是，他居然被称为"谎言艺术师"。

怎么可能把讨厌的谎言当作剧情的中心议题，不断地在他的许多电影当中讨论呢？

说到讨厌的感觉，与其说是讨厌，不如说是比一般人敏感。

也许正是因为讨厌，所以特别有感觉，如果用正面的心态，加入许多巧思，就可以让原本讨厌的事情变得很丰富。

况且，这个世界本来就不是单面向的，只存在正面事物的价值。就像看一个物体，有时候，因为有暗面，反而让我们能够更立体地看出正面价值的深刻内涵。

甚至，不能接受负面事物的我，仔细追索原因，恐怕与其说是要自居清流，不如说是恐惧有一天真要在人生中面对这些负面的事物，其实是一种逃避的心理。

作家曾野绫子曾经说过一句很令我震惊的话。

她说，偷窃、杀人、未婚生子这些事情，在幸福的人的世界里面，也许是不能被接受的。可是，她认为，也许有一天，当她遇到比较不好的状况时，说不定这些事情她都会做得出来。

她还曾经借由小说人物的口说出，她不希望真的"善有善报，恶有恶报"，因为那样会让这个世界的道理变得太肤浅。

所以，我很欣赏纽约州精神病协会的一张海报，并且为它简单却含义深远的内容而感动不已。

这张海报上用许多优美而各具特色的字体，列了一张名单：林肯、吴尔芙、贝多芬、舒曼、托尔斯泰、济慈、爱伦·坡、凡·高、牛顿、海明威、普拉丝、米开朗琪罗、丘吉尔、费雯丽等世界著名人物的名字。

在海报的最下方，有一道鲜红的横幅写着："患有精神病的人丰富了我们的生活。"

很惊奇吧，这些伟大的人抱着他们的疾病，仍然能够给这个世界这么多。甚至，当我们仔细研究他们的成就时，不得不说，他们的作品有许多正是因为经过精神病的摧残与抵抗的过程，才创造出来的。

所以，是的，克劳德·雷路许也用他的电影说服了我，在尊重这个世界中我所讨厌的另外一个谎言的世界里，其实，并不是完全黑暗的。

电影《男人女人恋爱手册》当中，有一个很残酷的谎言实验："如果跟一个得了绝症的病人说他没有病，而跟一个健康的人说他得了不治之症，那么，过一阵子之后，生病的人会痊愈，而健康的人会真的生病。"

这个谎言可以改变一个悲观者的人生观，同时，也考验着乐观者的人生信念。人的想法，其实是具有这么大魔力的。如果我从来不听谎言，那么，我又怎么会知道？

我想，如果我的朋友跟我说："看杀人魔的电影，是为了走出电影院，看见自己其实很幸福，周围的人也很和善。"我想，我一定会去看。

尊重者的永恒信念

　　谎言可以改变一个悲观者的人生观，同时，也考验着乐观者的人生信念。

CHAPTER 7
尊重的经典名句
（中英文对照）

1. 给人忠告需要智能，虚心接受别人的忠告更需要智能。

   To profit from good advice requires more wisdom than to give it. (*Collins*)

2. 你跟傻瓜在家中开玩笑，他就会和你在闹市开玩笑。

   Play with a fool at home, and he will play with you in the market.

3. 如果人家欺侮我一次，对方就应该感到羞耻；但如果我被人家欺侮第二次，则是我该感到羞耻了。

   If a man deceives me once, shame on him; if he deceives me twice, shame on me.

4. 喜欢偷窥的人，总有一天会看到让自己烦恼不安的事。

He who peeps through a hole may see what will vex him.

5. 骄傲是最危险的错误，因为它是由无知和缺乏思考造成的。

Pride, the most dangerous of all faults, proceeds from want of sense, or want of thoughts.

6. 一个人不懂得谦虚，即使美丽也不优雅，机智也讨人厌。

Without modesty, beauty is ungraceful and wit detestable.

7. 不替自己想的人根本不会思想。

A man does not think for himself does not think at all. (*Oscar Wilde*)

8. 我们的想法一致并不是最好的事。赛马之所以存在正是因为有不同的意见。

It is not best that we should all think alike; it is difference of opinion that make horse races. (*Mark Twain*)

9. 远离那些小看你理想的人，小人总是如此。真正伟大的人会让你觉得，你也可以伟大。

Keep away from people who try to belittle your ambitions. Small people always do that, but the really great make you feel that you, too, can become great. (*Mark Twain*)

10. 如果你要造一艘船，不要敲锣打鼓地把人集合起来去找木头或交代任务及工作，你应该教他们向往大海的一望无际。

If you want to build a ship, don't drum up people together to collect wood and don't assign them tasks and work, but rather teach them to long for the endless immensity of the sea. (*Antoine de Saint—xupery*)

11. 每件事都有奇妙之处，即使是黑暗与沉静；我学会不管在什么情况下都找到满足感。

Every thing has its wonders, even darkness and silence, and I learn, whatever state I may be in, therein to be con-tent. (*Helen Keller*)

12. 我不同意你所说的，但我愿为你说话的权利抗争到死。

I disapprove of what you say, but will defend to the death your right to say it. (*Voltaire*)

13. 未经你同意，没有人能让你感到自卑。

No one can make you feel inferior without your consent. (*Eleanor Roosevelt*)

14. 人生的真正成功只有一种，那就是按照自己的方式度过一生。

There is only one success—to be able to spend your life in your own way. (*Morley*)

15. 如果你想让人们不忘掉你，应该是把你的姓名刻在人们的心中，而不是刻在大理石上。

Carve your name on hearts and not on marbles. (*J. Ad dison*)

16. 唯有通过生活中无数的琐事与杂事，你才能真正领悟什么叫作生活。

It is while you are patiently toiling at the little tasks of life that the meaning and shape of great whole of life dawn on you. （*Brooks*）

17. 没有相互尊重的爱难长久。

Without respect，love cannot go far.

18. 不要把自己当作老鼠，否则猫就会把你吃掉。

Don't make yourself a mouse，or the cat will eat you.

19. 愤世嫉俗的人只知道每样东西的价格，而不知每样东西的价值。

A cynic knows the price of everything and the value of nothing.

20. 对于那些无端乱发脾气的人，没有必要向他们道歉。

He that is angry without a cause，must be pleased without amends.

21. 在个人眼中，没有人够格当英雄或伟人。

No man is a hero to his valet. (*Cornuel*)

22. 绝对不要以第一印象来判断任何人或事。

Judge no one of men and things at first sight.

23. 多一点礼貌不会花你一毛钱，却能让你获得一切。

Politeness costs nothing and gains everything.
(*M. W. Montagu*)

24. 世界上没有人可抵挡嘲笑这种武器的攻击。

Against the assault of laughter nothing can stand.
(*Mark Twin*)

25. 当一个人在评头论足别人时，最容易暴露自己的
人品。

A man never discloses his own claracter so clearly as
when he describes another's. (*J. P. Richter*)

26. 如果你自己不弯腰，别人是无法骑到你背上的。

A man can't ride your back unless it's bent.

27. 唯有信任别人，他们才会付出忠诚；唯有尊重别人，他们才会懂得自爱，并彰显自己最好的一面。

Trust men and they will be true to you; treat them greatly and they will show themselves great. （ *Emerson*）

28. 你有挥动手臂的自由，但请别打到我的鼻子。

Your liberty to swing your arms ends where my nose begins.

29. 轻蔑是最严厉的责备。

Contempt is the sharpest reproof.

30. 毁人名誉甚于凶杀，因为名誉是人的灵魂。

The character assassin is worse than a brutal killer——he murders a man's reputation, which is his soul.